U0181059

格致方法·定量研究系列　吴晓刚　主编

# 多层结构方程模型

布鲁诺·卡斯塔尼奥·席尔瓦
（Bruno Castanho Silva）

[匈牙利]　康斯坦丁·曼努埃尔·博桑查努　　著
（Constantin Manuel Bosancianu）

列文特·利特沃伊（Levente Littvay）

王彦蓉　侯雨佳 译

SAGE Publications, Inc.

格致出版社　　上海人民出版社

# 出版说明

由吴晓刚（原香港科技大学教授，现任上海纽约大学教授）主编的"格致方法·定量研究系列"丛书，精选了世界著名的SAGE出版社定量社会科学研究丛书，翻译成中文，起初集结成八册，于2011年出版。这套丛书自出版以来，受到广大读者特别是年轻一代社会科学工作者的热烈欢迎。为了给广大读者提供更多的方便和选择，该丛书经过修订和校正，于2012年以单行本的形式再次出版发行，共37本。我们衷心感谢广大读者的支持和建议。

随着与SAGE出版社合作的进一步深化，我们又从丛书中精选了三十多个品种，译成中文，以飨读者。丛书新增品种涵盖了更多的定量研究方法。我们希望本丛书单行本的继续出版能为推动国内社会科学定量研究的教学和研究作出一点贡献。

# 总　序

　　2003 年,我赴港工作,在香港科技大学社会科学部教授研究生的两门核心定量方法课程。香港科技大学社会科学部自创建以来,非常重视社会科学研究方法论的训练。我开设的第一门课"社会科学里的统计学"(Statistics for Social Science)为所有研究型硕士生和博士生的必修课,而第二门课"社会科学中的定量分析"为博士生的必修课(事实上,大部分硕士生在修完第一门课后都会继续选修第二门课)。我在讲授这两门课的时候,根据社会科学研究生的数理基础比较薄弱的特点,尽量避免复杂的数学公式推导,而用具体的例子,结合语言和图形,帮助学生理解统计的基本概念和模型。课程的重点放在如何应用定量分析模型研究社会实际问题上,即社会研究者主要为定量统计方法的"消费者"而非"生产者"。作为"消费者",学完这些课程后,我们一方面能够读懂、欣赏和评价别人在同行评议的刊物上发表的定量研究的文章;另一方面,也能在自己的研究中运用这些成熟的方法论技术。

　　上述两门课的内容,尽管在线性回归模型的内容上有少量重复,但各有侧重。"社会科学里的统计学"从介绍最基本的社会研究方法论和统计学原理开始,到多元线性回归模型结束,内容涵盖了描述性统计的基本方法、统计推论的原理、假设检验、列联表分析、方差和协方差分析、简单线性回归模型、多元线性回归模型,以及线性回归模型的假设和模型诊断。"社会科学中的定量分析"则介绍在经典线性回归模型的假设不成立的情况下的一些模型和方法,将重点放在因变量为定类数据的分析模型上,包括两分类的 logistic 回归模型、多分类 logistic 回归模型、定序 logistic 回归模型、条件 logistic 回归模型、多维列联表的对数线性和对数乘积模型、有关删节数据的模型、纵贯数据的分析模型,包括追踪研究和事件史的分析方法。这些模型在社会科学研究中有着更加广泛的应用。

修读过这些课程的香港科技大学的研究生,一直鼓励和支持我将两门课的讲稿结集出版,并帮助我将原来的英文课程讲稿译成了中文。但是,由于种种原因,这两本书拖了多年还没有完成。世界著名的出版社 SAGE 的"定量社会科学研究"丛书闻名遐迩,每本书都写得通俗易懂,与我的教学理念是相通的。当格致出版社向我提出从这套丛书中精选一批翻译,以飨中文读者时,我非常支持这个想法,因为这从某种程度上弥补了我的教科书未能出版的遗憾。

翻译是一件吃力不讨好的事。不但要有对中英文两种语言的精准把握能力,还要有对实质内容有较深的理解能力,而这套丛书涵盖的又恰恰是社会科学中技术性非常强的内容,只有语言能力是远远不能胜任的。在短短的一年时间里,我们组织了来自中国内地及香港、台湾地区的二十几位研究生参与了这项工程,他们当时大部分是香港科技大学的硕士和博士研究生,受过严格的社会科学统计方法的训练,也有来自美国等地对定量研究感兴趣的博士研究生。他们是香港科技大学社会科学部博士研究生蒋勤、李骏、盛智明、叶华、张卓妮、郑冰岛,硕士研究生贺光烨、李兰、林毓玲、肖东亮、辛济云、於嘉、余珊珊,应用社会经济研究中心研究员李俊秀;香港大学教育学院博士研究生洪岩璧;北京大学社会学系博士研究生李丁、赵亮员;中国人民大学人口学系讲师巫锡炜;中国台湾"中央"研究院社会学所助理研究员林宗弘;南京师范大学心理学系副教授陈陈;美国北卡罗来纳大学教堂山分校社会学系博士候选人姜念涛;美国加州大学洛杉矶分校社会学系博士研究生宋曦;哈佛大学社会学系博士研究生郭茂灿和周韵。

参与这项工作的许多译者目前都已经毕业,大多成为中国内地以及香港、台湾等地区高校和研究机构定量社会科学方法教学和研究的骨干。不少译者反映,翻译工作本身也是他们学习相关定量方法的有效途径。鉴于此,当格致出版社和SAGE出版社决定在"格致方法·定量研究系列"丛书中推出另外一批新品种时,香港科技大学社会科学部的研究生仍然是主要力量。特别值得一提的是,香港科技大学应用社会经济研究中心与上海大学社会学院自2012年夏季开始,在上海(夏季)和广州南沙(冬季)联合举办"应用社会科学研究方法研修班",至今已经成功举办三届。研修课程设计体现"化整为零、循序渐进、中文教学、学以致用"的方针,吸引了一大批有志于从事定量社会科学研究的博士生和青年学者。他们中的不少人也参与了翻译和校对的工作。他们在繁忙的学习和研究之余,历经近两年的时间,完成了三十多本新书的翻译任务,使得"格致方法·定量研究系列"丛书更加丰富和完善。他们是:东南大学社会学系副教授洪岩璧,香港科技大学社会科学部博士研究生贺光烨、李忠路、王佳、王彦蓉、许多多,硕士研究生范新光、缪佳、武玲蔚、臧晓露、曾东林,原硕士研究生李兰,密歇根大学社会学系博士研究生王骁,纽约大学社会学系博士研究生温芳琪,牛津大学社会学系研究生周穆之,上海大学社会学院博士研究生陈伟等。

陈伟、范新光、贺光烨、洪岩璧、李忠路、缪佳、王佳、武玲蔚、许多多、曾东林、周穆之,以及香港科技大学社会科学部硕士研究生陈佳莹,上海大学社会学院硕士研究生梁海祥还协助主编做了大量的审校工作。格致出版社编辑高璇不遗余力地推动本丛书的继续出版,并且在这个过程中表现出极大的耐心和高度的专业精神。对他们付出的劳动,我在此致以诚挚的谢意。当然,每本书因本身内容和译者的行文风格有所差异,校对未免挂一漏万,术语的标准译法方面还有很大的改进空间。我们欢迎广大读者提出建设性的批评和建议,以便再版时修订。

我们希望本丛书的持续出版,能为进一步提升国内社会科学定量教学和研究水平作出一点贡献。

吴晓刚

于香港九龙清水湾

# 目 录

# 序

我很高兴介绍由布鲁诺·卡斯塔尼奥·席尔瓦（Bruno Castanho Silva）、康斯坦丁·曼努埃尔·博桑查努（Constantin Manuel Bosancianu）[*]和列文特·利特沃伊（Levente Littvay）撰写的《多层结构方程模型》。多层结构方程模型（multilevel structural equation models，MSEMs）是将结构方程模型（structural equation modeling，SEM）中以变量（伴随误差测量）之间关系为中心的研究与多层次模型（multilevel models，MLM）中以宏观—微观关系为中心的研究相结合。本书有一个清晰的主题进展，从观测变量的 SEM 开始，到验证性因子分析（confirmatory factor analysis，CFA），再到完整的模型，在每个过程中都添加一个多层成分。在每一章中，作者系统地从简单到复杂的模型设定展开，并用实例说明每一步。读者可以通过使用在线附录中的资料重复这些例子来加以练习。

本书的一个创新之处是符号系统。SEM 和 MLM 都有

---

[*] 原书此处写作"Cosancianu"，疑有误。——译者注

各自的惯例;作者将它们混合在一起。这一符号系统保留标准化多层文本中使用的符号,但引入上标来跟踪与特定系数相关的结果变量。这种方法使得将 MSEM 写成一系列方程成为可能,即使不精通矩阵代数的读者也可以大致了解本书的内容。为了进一步加强读者的理解,符号系统将大多数模型展示为一组方程式,以及基于 SEM 传统的图形表示。

就所需的准备工作而言,有 SEM 或 MLM 经验的读者能最大程度地从本书中获益。第 1 章对二者进行了非常有益的回顾,然后展示了如何将模型和符号系统组织到 MSEM 的单个框架中。第 2 章介绍了多层路径模型,包括随机截距模型和随机斜率模型。这一章使用来自 55 个国家的世界价值观调查数据(第四期)来探索与高度自我表达价值观(公民积极性、主观幸福感、宽容和信任、个人自主性和选择的重要性)相关的个人层面和国家层面的因素。第 3 章重点研究多层因子模型。该章使用 2015 年国际学生评估计划(PISA)中有关多米尼加共和国数码设备使用情况的数据,构建了双层 CFA——首先将多层 CFA 与多组 CFA 进行比较,然后构建随机潜变量截距,最终形成带有随机负荷的多层 CFA。同时,该章还包括对测量不变性的有用讨论。第 4 章将第 2 章和第 3 章的主题合并成完整的 MSEM。这一章的例子基于 2004 年工作场所雇佣关系调查教学数据集,探讨了员工认为自己在工作中能力过高还是过低,取决于他们认为自己对工作要求有多高、管理者回应的积极程度、他们的薪酬,以及公司的员工人数。第 5 章总结全书,讨论了一些进阶类的主题,如分类因变量、抽样权重和缺失数据,有兴趣的读者可以了解更多的文献,并就如何处理技术文献提供建议。

多层结构方程模型相当复杂。事实上，正如作者所说，要研究的模型的复杂性仅受限于研究者的想象力（当然，还有数据、软件等）。有鉴于此，读者将会特别感激这本实用的介绍，以及作者为不同背景的研究人员能够阅读此书所付出的努力。

芭芭拉·恩特威斯尔

# 致 谢

在构思、起草和完善这本专著的三年中,我们从许多同事的善意建议和指导中受益匪浅。衷心感谢 M.穆拉特·阿尔达格(M. Murat Ardag)、尼曼贾·巴特里切维奇(Nemanja Batrićević)、亚历山大·博尔(Alexander Bor)、阿梅莉·戈德弗里德(Amélie Godefroidt)、约琴·梅耶尔(Jochen Mayerl)、马丁·莫尔德(Martin Mölder)、乌尔里希·施罗德(Ulrich Schroeders)、费德里科·维盖蒂(Federico Vegetti)在项目的不同阶段提供了反馈。如果没有他们一贯的帮助,我们所涉及的难题将更加难以理解。我们也要感谢在这段时间里我们主导的多层结构方程模型研讨会和课程的参与者。其中包括托马斯·萨尔费尔德(Thomas Saalfeld),特别是塞巴斯蒂安·荣昆兹(Sebastian Jungkunz)在班贝格大学举办的2017 年 10 月 MSEM 研讨会;由阿梅莉·戈德弗里特和拉拉·穆拉多娃(Lala Muradova)在天主教鲁汶大学方法实验室举办的 2018 年 10 月 MSEM 研讨会;2016 年和 2017 年在匈牙利布达佩斯中欧大学(European Consortium for Political Research,ECPR)方法和技术暑期学校开设了两门多层结构方程模型建模课程；以及最后，2017 年在同一所暑期学校教授了一门高级结构方程模型建模课程。他们提出的问题强调了我们可以解释得更清楚的研究领域，还一再挑战我们的思维方式。

最后，同样重要的是，我们要感谢伊夫·罗塞尔（Yves Rosseel）为本书中的一些模型编写了 lavaan 命令，以及 *Mplus* 团队的琳达·穆森（Linda Muthén）对我们的问题作出了迅速的回应。书中所犯的任何错误都是我们自己的错误。如果前面提到的同事没有慷慨地与我们分享他们的时间、想法和专业知识，那么这些错误将只是一小部分。

我们在这本手稿上的工作也得到了许多其他方面的支持，其中最主要的支持来自让我们验证不同想法的多个方法学校和研讨会的工作人员。我们要感谢班贝格大学的米丽娅姆·施奈德（Miriam Schneider）和达格玛·里斯（Dagmar Riess）、来自 ECPR 服务中心的安娜·福利（Anna Foley）和贝基·普朗特（Becky Plant），以及布达佩斯当地的组织团队，特别是卡斯滕·Q.施奈德（Carsten Q. Schneider）和罗伯特·萨塔（Robert Sata）。我们也很感谢有机会向德里克·比奇（Derek Beach）和贝诺·里胡克斯（Benoît Rihoux）教授这些课程，他们和列文特·利特沃伊一起，担任 ECPR 方法学校的学术召集人。

另外，我们谨向其他令人尊敬的同事表示感谢。曼努埃尔·博桑查努希望感谢佐尔坦·法泽卡斯（Zoltán Fazekas）多年来回答了许多有关 MLM 的问题，并感谢麦卡坦·汉弗莱斯（Macartan Humphreys）的反馈和支持。列文特·利特沃伊希望感谢埃尔玛·施吕特（Elmar Schlüter）、本特·穆森

(Bengt Muthén)和杰弗里·胡博纳(Geoffrey Hubona)为多层结构方程模型提供的灵感,更广泛地说,感谢所有在他的研究中赠予他"社会科学定量研究方法"(QASS)系列书籍的人:凯文·史密斯(Kevin Smith)(第 22、79 卷)、布莱恩·休姆斯(Brian Humes)(第 122 卷)、朱莉娅·麦克奎利安(Julia McQuillian)(第 143 卷)、克雷格·恩德斯(Craig Enders)(第 136 卷)、吉姆·博瓦德(Jim Bovaird)(第 95、116、144 卷,可能更多),更值得纪念的是艾伦·麦卡琴(Allan McCutcheon)(第 64 卷,也包括第 126、119 卷),他通过与塔玛斯·鲁达斯(Tamás Rudas)(他写了第 119、142 卷)取得联系,甚至在博士学习开启之前就开启了他的博士后生涯。这些人,以及莱斯·海杜克(Les Hayduk)和迈克·尼尔(Mike Neale),塑造了他的方法论思想,并为他提供了将知识传授给下一代杰出学者的工具,例如他的合著者和以上表达了感谢的这些提供帮助和支持的人。这本书是献给他们的,因为这也是他们的贡献(虽然他相当肯定莱斯和塔玛斯除了最后一段,对本书中的很多内容不会认可)。

总之,我们要感谢 SAGE 出版公司的芭芭拉·恩特威斯尔、凯蒂·梅茨勒(Katie Metzler)、梅根·奥赫弗南(Megan O'Heffernan)和海伦·萨尔蒙(Helen Salmon)在整个写作过程中给予的后勤支持、建议和理解,并感谢多名匿名评审专家,他们提出了许多宝贵的改进和更正意见。

## 出版商致谢

SAGE 出版公司还感谢以下评审员的宝贵贡献:卡尔·

伯宁（Carl Berning），美因茨大学；姜庆国（Kyungkook Kang），中佛罗里达大学；卡尔·L.帕尔默(Carl L. Palmer)，伊利诺伊州立大学；罗尼·舍勒（Ronny Scherer），奥斯陆大学。

## 相关网站

本书的网站 http://levente.littvay.hu/msem/包括用于 lavaan、R 和 *Mplus* 的复制代码，所有示例的数据，以及生成本书中所有方程和图形的两个 LaTeX 文件。

# 第**1**章

## 导　言

# 第 1 节 │ 关于本书和多层结构方程模型

多层次模型建模（MLM）和结构方程模型建模（SEM）已成为社会科学中最常用的两种方法。将结构方程模型的效力与多层次数据相结合是不可避免的，因为到目前为止，多层次数据仍大多被建模为一个结果变量与多个协变量之间的相关。到目前为止，学界还没有对这个问题进行综合处理。可用的内容隐藏在 SEM 和 MLM 教科书的章节中，或者在对这个主题进行高度技术性处理的书籍中。我们的目标是为社会科学家提供一个容易理解但全面的多层结构方程模型建模的介绍。我们假定读者没有特定的学科背景。我们的例子来自政治学和/或社会学、教育研究和组织行为学。正如结构方程模型学者所习惯的那样，我们使用路径图，并且开发了一套多层次模型学习者所熟悉的基于方程的符号系统。虽然坚持用多方程框架会导致模型变得相当大且复杂，但它们仍然比公认更为简洁的多层结构方程模型中的矩阵代数公式更容易理解。我们从对 SEM、MLM 和本书中所使用符号的开发的回顾开始，然后分别用一章的篇幅介绍多层路径模型（第 2 章）、多层验证性因子模型（第 3 章）和多层结构模型（第 4 章）。

在每一章中，我们力求以简洁的方式涵盖主题。在最后一章,我们为读者指出这本介绍性书籍主要章节所没有的更新且更高阶的方向。这超出了连续内生变量的限制性个案和对多种经验情况进行单一层次整合的范围。研究人员可能会遇到分类内生变量的实例,以及数据层次结构中的附加层次。更高级的应用甚至可能需要解决有关外生或内生指标信息缺失,以及在估计过程中加入权重的问题。在本系列丛书中,我们无法提供这些主题的基本实质性介绍,但我们为读者提供了可以寻求指导的现有书籍和建议。

## 第 2 节 | 结构方程模型的快速回顾

　　SEM 的出现解决了传统回归模型存在的两个问题。这里重点强调第一个问题：如果我们的研究问题超出了一个结果变量和多个协变量，会怎么样？如果我们想测试一个更复杂的关系结构，其中我们对于 $X$ 对 $Y$ 的直接和间接影响都很好奇（可能从 $X$ 到 $Y$ 需要经过一系列中介变量），该怎么办？SEM 的起源可以追溯到生物学家休厄尔·赖特（Sewell Wright），他在 20 世纪上半叶提出了路径分析模型（Schumacker & Lomax，2004）。路径模型假设了一系列统计关联。在其最基本的形式中，$X$ 是 $M$ 的协变量，$M$ 是 $Y$ 的协变量（其中 $X$ 是外生变量，因为它不需要任何解释变量；$M$ 是中介变量，$Y$ 是结果变量，这两个变量也被称为内生变量）。所检验模型的复杂性可以远远超出这一点，这也成为它首个吸引人的地方：它允许研究人员根据社会科学中典型的复杂理论，在单个模型中检验变量之间复杂的关系结构。

　　从技术上讲，SEM 指的是一种同时估计多个结构（即回归）方程，以检验变量之间一组关系的数据分析的统计方法。通过卡尔·约雷斯科格（Karl Jöreskog，1973）、沃德·基斯林（Ward Keesling，1972）和提出了 JKW 模型的戴维·威利（David Wiley，1973）的开创性工作，SEM 扩展到了今天最普遍的用途:将验证性因子分析(CFA)纳入路径分析的具有潜变量的因果模型。

　　潜变量,也称为因子,解决了与简单回归框架相关的第二个问题。这些变量是研究人员无法直接观测到的变量,而是根据理论,由一个或多个表现潜在结构的观测指标衡量的。这些指标的共同方差用来表现潜在结构。社会科学中的几个令人感兴趣的概念可以看作潜变量。这些模型已经很流行,例如,在心理学中,很多研究都是围绕抑郁症、攻击性或人格特征等主题进行的,这些都无法直接测量。心理结构由多个调查题目来衡量,这些题目的共同变异构成潜变量。这个过程消除了特定题目的变异,产生了一个无测量误差的结构。SEM 和路径模型建模已被纳入所有的社会科学学科,并在生物学遗传研究中占有重要地位,其中像遗传度这类概念也是无法直接测量的。接下来,我们将介绍 SEM 的基本术语和组成。

## 模型设定及识别

　　正如前面所强调的,路径模型是那些在观测变量之间有一系列关联的模型:在最简单的格式中,$M$ 是 $Y$ 的协变量,而反过来是 $X$ 的结果变量。它可以写成方程 1.1:

$$\begin{cases} Y_i = \beta_{01} + \beta_{11} M_i + \varepsilon_{1i} \\ M_i = \beta_{02} + \beta_{12} X_i + \varepsilon_{2i} \end{cases} \qquad [1.1]$$

　　然而,这个公式可以通过复杂化的演变适应两个以上的结果变量。在方程中,$i = 1, 2, \cdots, N$ 表示个别观测值,$\beta_{01}$ 和

$\beta_{02}$是模型中内生变量的截距，$\beta_{11}$和$\beta_{12}$是它们各自协变量的斜率。最后，$\varepsilon_{1i}$和$\varepsilon_{2i}$是对应于样本中每个数据点的残差。

潜变量模型是指至少包含一个没有被直接测量的目标变量的模型。最常见的应用是 CFA，它根据观测指标的协方差来估计潜在结构的方差。在这些模型中，每个指标都被视为一个结果变量。例如，抑郁（一种潜在结构）会导致某人以某种方式回答一个问题，而通常不是相反。因此，CFA 模型也可以被设定为几个联立回归方程。当我们在路径模型中插入一个潜变量时，就得到一个完整的结构方程模型。

由于方程的数量随着关联结构的复杂化和潜变量的增加而迅速增长，在大多数应用研究中，结构方程模型都是按照图 1.1 中的惯例以图形符号表示的。我们在图 1.2 中展示了一个包含两个潜变量——威胁感（feeling of threat，THR）和仇外心理（xenophobia，XEN）——的模型作为教学示例。每个潜变量由三个调查问题（Q1—Q6）来测量。这是模型的测量部分。结构部分设定了一条包含两种关系的路径：威胁感与仇外心理相关，仇外心理本身与激进右翼政党的投票倾向（propensity to vote，PTV）有关，这里，PTV 是对政党支持的一种连续测量。

内有 1 的三角形表示此模型具有所谓的均值结构——内生变量截距（直线箭头指向的正方形）的估计与回归分析框架中默认情况下的截距非常相似，并且除方差—协方差矩阵外，还估计均值。事实上，三角形中数字 1 的符号来自回归模型矩阵中包含多个 1 的向量。在 SEM 中，包含均值结构的估计正在成为一种规范，例如，尽管在图中包含截距仍然很少见，但对于缺失数据的更精细的处理是有必要的。然而,这对于多层 SEM 这一特例是非常关键的,因为高层变量可以用来解释低层截距的方差。从三角形到变量的每个箭头表示外生变量的平均值(正方形仅作为直线箭头起始点而不是其目标)或内生变量的截距。

从一个变量指向它自身的曲线箭头对内生变量和外生变量有不同的含义。对于所有可观测的内生变量,这些是残差方差,也称为误差。对于外生潜变量(THR),它是估计的因子方差,对于内生潜变量(XEN),它仍是残差方差,对于潜变量的情况通常被称为一个干扰项。连接潜变量和指标的直线箭头是因子负荷。它们是指标对潜变量进行回归的回归系数。[1]使用这种符号系统,方程 1.1 的模型能够用图 1.3 进行描述。

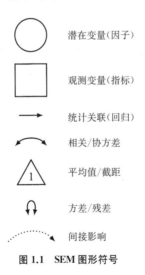

**图 1.1 SEM 图形符号**

如果曲线协方差箭头或直线箭头为虚线(图 1.3 中未显示),则意味着估计的影响在统计上并不显著。在本书中,我们使用以下方法来表示统计显著性:虚线箭头和 n. s.(无显

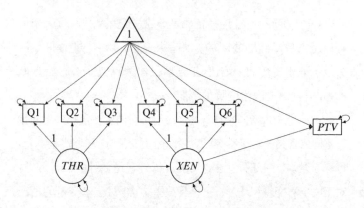

**图 1.2　具有潜变量的路径模型示例**

著差异)上标表示不显著的估计。实线箭头代表显著关系,同时用估计值旁边的星号来表示显著度,即 $^*p<0.05$,$^{**}p<0.01$ 和 $^{***}p<0.001$。我们不使用星号进行标注(即使从技术上说应该标注)的两种例外情况是:(1)合理拟合模型的负荷总是非常显著的因子负荷估计;(2)贝叶斯模型的结果中,推论解释不同于可以推广到总体的频数假设检验。最后,一个虚线曲线箭头代表了一种连接箭头两端两个变量的间接效应传递机制[我们借用廷纳曼、戈伊特、施普伦格、芬斯特布施和比歇尔(Tinnermann, Geuter, Sprenger, Finsterbusch, & Büchel,2017)中的惯例]。

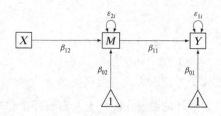

**图 1.3　图形化路径模型**

## 识别

　　在结构方程模型建模中，确保有足够的经验性证据来估计模型中的所有参数是很重要的。这是由术语"识别"指定的。与其他统计技术一样，要获得唯一的解决方案，我们需要确保已知信息多于未知信息。

　　对于具有均值结构的模型，有用的已知经验性证据是构成观测方差—协方差矩阵的方差和协方差以及观测均值的向量。自由度是指唯一的经验性证据数量（方差—协方差矩阵的元和均值向量的项）与被估计的参数数量（即，因子负荷、因子方差、误差和干扰项以及回归系数）之间的差值。如果自由度为负值，则称模型欠识别（underidentified）。在这种情况下，从数学上估计参数值是可能的，但因为存在多个可能的解决方案而往往不具有可靠性。一个恰好识别（just-identified）的模型是自由度为 0 的模型。它满足了被估计的最低要求，但始终会产生与数据的完美拟合，这意味着它的拟合优度（goodness of fit）无法评估。因此，最好的模型是超识别（overidentified）或者说自由度为正值的模型。

　　计算观测方差—协方差矩阵中非冗余元素数量的一个很好策略是公式 $p(p+1)/2$，其中 $p$ 是模型中观测变量的数量（Raykov & Marcoulides, 2000）。因为还有一个观测均值的向量，给定一个均值结构，这个公式包括一个附加项，变成 $p(p+1)/2+p$。在图 1.2 的例子中，$p=7$，所以我们有 35 个非冗余元素。该模型共估计了 22 个参数：7 个误差项、1 个干扰项、1 个因子方差、4 个因子负荷、2 个回归系数和 7 个截距。自由度为 35－22＝13,因此我们的模型被(超)识别。

然而,必须注意的是,自由度是识别的必要条件,但不是充分条件。也有所谓的经验性欠识别(Kline,2015)。例如,在极端共线的情况下,两个变量高度相关,实际上这两个变量只添加一条信息。当依赖于这些变量进行估计时,错误设定或者违反正态性和线性假设也会导致经验性欠识别。这些问题通常可以通过数据筛选来检测。

从图 1.2 可以看出,该模型仅估计了六个全因子负荷中的四个。这是有意为之,就像在 CFA 中一样,有必要定义每个潜变量的度量。这可以通过三种方式实现。第一种方法将因子方差(或残差方差)固定为常数,通常为 1。第二种方法是固定因子中某一个指标的因子负荷(同样,通常为 1)。后一种方法更常见,是大多数 SEM 软件中的默认设置。根据一个因子是外生变量还是内生变量,它分别具有方差或残差方差。将残差的(或未被解释的)方差固定为 1 不是很直观,因为这会使因子的总方差强行依赖于其协变量的解释力。在示例模型中,有两个因子负荷被估计为威胁感,两个因子负荷被估计为仇外心理。固定因子负荷由模型中箭头旁边的数字"1"表示。这限制了我们评估因子负荷假设检验的能力(在一个有足够样本量的指定模型中,这一点并不相关)。尽管缺乏这一估计值,但通过对负荷的标准化估计值进行评估,仍然可以检验潜变量对指标的解释程度。最后,在发展心理学中最常见的第三种方法是将指标的平均截距固定为 0,将平均因子负荷固定为 1(Little,2013,p.93)。

一旦模型被设定并被正确识别,就是时候估计并检验它是否与数据拟合。

## 估计

如果一个模型被超识别,这意味着观测方差—协方差矩阵(也称为 **S** 矩阵)的每个元素都可以分解为方差、协方差和参数的唯一组合(即每个元素可以被定义为唯一的方程)。通过给参数赋值,可以估计模型隐含方差—协方差矩阵(**Σ** 矩阵)的元。SEM 中计算这些参数最常见的方法是联立估计(simultaneous estimation)。它的工作原理是在模型被正确设定的前提下,同时推导出模型中的所有参数。这一类别的主要方法是最大似然法(maximum likelihood,ML;Eliason,1993)。

从概念上讲,ML 的目标是确定一组最有可能产生样本的总体参数(见 Enders,2010,ch. 3)。给定一组参数,可以将数据的样本似然计算为绘制每个数据点的单个概率(似然)之和。当总体参数未知时,ML 估计是一个迭代过程,其间将数值的不同组合赋予参数,并计算每个组合下的样本似然,直到找到最大似然点(或每次迭代后的改进小到低于某个收敛标准)。产生最大样本似然的参数值就是估计总体值。因为似然是非常小的数字,有时可能会因为舍入错误而出现计算问题。出于这个原因,加之使用对数加总比使用乘积更为容易,因此使用对数似然(log-likelihood,LL)计算 ML 估计。由于似然是密度的乘积,每个密度通常在 0 和 1 之间,因此它也经常(但不总是)介于 0 和 1 之间。在最常见的情况下,似然的对数取值范围为 $-\infty$ 到 0。

在 SEM 中,最大似然估计包括将不同的值迭代赋予参数，并生成一个新的 $\Sigma$ 矩阵，直到其与 $S$ 矩阵的距离最小（Kline，2015，p.235）。估计从参数的一组随机初始值开始，并不断更新这些初始值，以寻找观测值和模型隐含协方差之间的最小差异。虽然计算上有些密集，但 ML 估计是目前获得 SEM 参数的主要方法。在评估多个竞争模型的基础上产生全局拟合度，并通过稍微复杂的程序，如稳健最大似然法（robust maximum likelihood，MLR）或 Bollen-Stine 自助法（bootstrap）（Bollen & Stine，1992），处理与多元正态性的适度偏差。[2]

值得注意的是，SEM 可以适用于多种估计量，包括贝叶斯法（Kaplan & Depaoli，2012；Muthén & Asparouhov，2012）和基于最小二乘法的方法。后者通常出现在单方程估计方法中，如两阶段或三阶段最小二乘法（two-stage least squares，2SLS 或 three-stage least squares，3SLS）。由于这些方法通常产生的估计值比 ML 要低效，而且不产生任何全局拟合度，因此最近几年它们已不再受欢迎。这并不是说它们没有优势。与迭代过程（如 ML）相比，单方程估计的计算密集度更低，通常对模型中的设定误差更为稳健（Kline，2015，p.235）。

## 模型拟合

SEM 与传统回归建模的另一个主要区别是对模型拟合的关注。使用 SEM 的研究人员可以假设和检验变量之间关系非常复杂的结构，因此，除了通常的线性回归中的 $R^2$ 之外，找到可靠的方法来检验假定的模型是否良好就变得非常重要。良好的拟合表明假定的关系结构可能接近数据生成过程,因此可以将估计系数解释为告诉我们这些变量之间的真实关系。如果一个模型的拟合性很差,就意味着假定的关系与数据不符,因此,估计的系数是没有意义的,不应解释或给予任何实质性的价值。

模型的拟合优度由观测到的与估计的协方差矩阵之间的接近程度来表示。在过去的 40 年里,关于 SEM 的文献提出了大量的拟合统计,每一个都有其自身的优点和缺点。最常见的是基于(对数)似然,这里我们回顾一下那些同样适用于MSEM 的方法。我们从最普遍适用于 MSEM 的比较指标开始:似然比检验、赤池信息准则(Akaike's information criterion,AIC;Akaike,1973)和施瓦兹的贝叶斯信息准则(Bayesian information criterion,BIC;Schwarz,1978)。

所有这些指标都包含了偏差(deviance),这是一种基于似然对拟合度测量的副产物。“偏差”是一个在多层次模型建模相关文献中最常用的术语,有赖于最大似然估计的基础,因此在概念上也适用于 SEM。计算公式为 $-2LL$,是拟合劣度的指标:较高的值表示拟合较差的模型。虽然偏差本身的数值没有包含太多信息,但除了 AIC 和 BIC,它是大多数拟合统计的基础,并且有一些独特的属性使我们能够有效地使用它作为比较拟合统计值。也就是说,两个偏差得分的差值服从 $\chi^2$ 分布,自由度等于两个模型估计的参数个数的差值。如果偏差的差异超过了 $\chi^2$ 分布的临界值,我们就可以得出结论,与更复杂的模型相比,更精简的模型对数据的拟合程度要差得多。[3] 但必须注意的是,只有使用相同数据的相同案例的模型才能进行比较。两个模型的似然只有在模型是"嵌套"的情况下才能用这种所谓的似然比检验直接比较。[4] 如果两个模型中较精简的一个可以通过较复杂模型中简单的固定估计而得到,则两个模型是嵌套的:这些估计被固定为彼此相等或为 0(因此从较复杂模型中去掉了对某些关系的估计)。

请读者注意,在进行这种比较时,很容易犯错误。如果我们在要比较的模型中使用一个结构的两种不同的操作化,那么这些模型就顿时不再嵌套了。第一个模型有一个变量,而第二个模型有另一个变量。没有办法只通过消除第二个模型中的某些路径变为第一个模型,这就是为什么这两个模型不嵌套。关注实践中经常出现的问题也很重要。假设我们从模型中去掉一个变量。如果使用删除法来消除有缺失值的观测值,这在许多软件(尽管通常不是 SEM 软件)中是默认的,那么我们可能会在希望比较的两个模型之间得到不同的样本大小。同样,除非两个模型的样本和样本大小完全相同,否则它们将无法用嵌套模型检验(甚至任何其他比较拟合指数)进行比较。这些问题困扰着结构方程和多层次模型的模型比较,因此也扩展到多层结构方程模型。

另外两个可以用来对比的指数 AIC 和 BIC,其计算基于偏差,但也包括对模型复杂性和样本量的惩罚(见 Kline, 2015, ch. 12)。AIC 可以表示为似然(或偏差)和模型估计参数数量 $k$ 的函数(Akaike, 1973),如方程 1.2 所示:

$$AIC = -2LL + 2k \qquad [1.2]$$

BIC 具有与 AIC 相似的特性,但在考虑估计参数数量的

同时,还包括了样本量($N$)的额外惩罚。可表达为方程 1.3:

$$BIC = -2LL + k\ln(N) \qquad [1.3]$$

与偏差的情况一样,这两个指标都是对拟合劣度的测量:较低的值表示拟合较好的模型。因为它们的绝对值本身意义不大,所以它们是以相对的方式使用的:将两个嵌套模型相互比较,以确定哪一个模型与数据拟合更好。对似然比检验的限制条件也同样适用于 AIC 和 BIC 的比较。根据一些学者(例如 Burnham & Anderson,2002)的观点,它们也可以在某些限制条件下用于比较非嵌套模型。

与多层次模型建模不同的是,SEM 是社会科学中为数不多的、对模型绝对拟合也很重视的建模技术之一。人们已经开发了一整套绝对拟合指标来评估模型与所描述现实的接近程度。包括 $\chi^2$ 检验、近似均方根误差(the root mean square error of approximation,RMSEA)、本特勒(Bentler)的比较拟合指数(comparative fit index,CFI)和标准化均方根残差(the standardized root mean square residual,SRMR)。遗憾的是,这些拟合度量(后三个直接基于模型的 $\chi^2$)并不适用于 MSEM 框架中的许多模型。在 MSEM 中引入可变的斜率意味着模型不再有唯一的方差—协方差矩阵来计算它们。然而,仅包含随机截距(如第 2 章所示)的路径模型,以及因子负荷在二层单元之间不发生变化的大多数验证性因子模型(如第 3 章所示),仍然可以使用绝对拟合指标。基于这个原因,对于熟悉结构方程模型建模背景的读者,我们简要回顾一下这些拟合指标。

第一个最常见的统计量是模型卡方(chi-square,$\chi^2$)。

值为 0 表示该模型完全拟合数据,并且是通过恰好识别的模型获得的。值越高,拟合越差。为了了解拟合不佳是否可接受,我们进行 $\chi^2$ 显著性检验来评估估计的方差—协方差矩阵是否与样本观测方差—协方差矩阵显著不同。如果检验显著,可能表明模型拟合不好。然而这项检验并不确定,需要进行并报告进一步的检验。在两个局限性中,模型卡方对较大的样本量和较小的自由度比较敏感,即使模型实际上没有改善,增加更多的参数也可能会减少 $\chi^2$ 检验显著的机会(Kline,2015,pp.270—271)。

因此,SEM 的 $\chi^2$ 拟合统计不仅与比较的模型有关,而且被解释为绝对模型拟合。这种绝对的 $\chi^2$ 拟合统计可以看作是通过 ML 估计的模型 LL 与可以完全重新生成协方差矩阵的基线未限制模型 LL 之间的比较(Kline,2015,p.270)。这种基线模型允许参数估计到自由度为 $0(df_B=0)$ 的点,以便模型隐含协方差矩阵重新生成观测协方差矩阵。如果这种差异在统计上显著,就意味着该模型的 $-2LL$ 显著高于能够重新生成方差—协方差矩阵的模型,因此可以拒绝该模型与数据拟合不佳的假设。

更正式地说,在方程 1.4 中,$\chi^2$ 拟合统计表示为样本量(减 1)与使观测值和预期协方差之间的差异最小化的模型拟合函数的乘积。[5] 最大似然拟合函数 $F_{ML}$ 计算式为:$\log|\Sigma|-\log|S|+\mathrm{tr}[S\Sigma^{-1}]-p$,其中 $p$ 是协变量(内生和外生)的数量,$S$ 是观测协方差矩阵,$\Sigma$ 是模型隐含的协方差矩阵。[6]

$$\chi_M^2=(N-1)F_{ML} \qquad [1.4]$$

假设较低的 $F_{ML}$ 表示一个拟合更好的模型,观测协方差与期望的协方差之间的差异更接近于 0,从技术上讲,$\chi^2_M$ 是绝对拟合劣度指标:它越高,模型与数据之间的拟合越差。该指标受一些数据特征,特别是样本量和变量分布偏离正态性的程度的影响。然而,在后一种情况下,纠正这些问题的 $\chi^2_M$ 变形已经被设计出来:Satorra-Bentler 量尺 $\chi^2$ 和 Satorra-Bentler 修正 $\chi^2$。

RMSEA(方程 1.5)是 SEM 中常用的另一个拟合劣度指标。0 表示最佳拟合,较高的正数表示拟合逐渐变差。公式使用一个称为"近似拟合极限"的量,在这里用 $\hat{\delta}_M$ 表示。其事实基础是:一个正确指定的模型应该是 $\chi^2_M = df_M$,而与样本量无关。与这个等式的偏差越大,即 $\chi^2_M > df_M$,将导致 $\hat{\delta}_M$ 值越高,因此 RMSEA 的值也越高。一个经常被引用的经验法则表明,$\hat{\varepsilon}$ 小于 0.05 表示模型拟合良好,而大于 0.1 则表示拟合极度不佳。对于单层次模型,RMSEA 估计的置信区间为 90%,但对于多层次模型则不是这样。前面提到的两个阈值(0.05 和 0.1)被使用时,我们都应该带着适度的疑虑,并始终与其他拟合指标一起使用。

$$\hat{\varepsilon} = \sqrt{\frac{\hat{\delta}_M}{(N-1)df_M}} \text{,其中 } \hat{\delta}_M = \max(0, \chi^2_M - df_M)$$

$$[1.5]$$

本特勒 CFI(方程 1.6)是拟合优度指标,取值范围为 0 到 1,1 表示最佳拟合。它将我们首选模型近似拟合的偏差与零(空)模型的相同偏差进行比较。零模型是内生变量之间协方差固定为 0 的模型。由于这种情况不可能发生,零模型可以被认为是最差的可选模型（Miles & Shevlin, 2007）。[7]
在我们的模型与数据完全拟合的假设情况下，$\chi^2_M = df_M$，即
$\hat{\delta}_M = 0$，CFI 取 1。通常，CFI 值大于 0.95 表明模型拟合良
好，即该模型比零模型好 0.95 或 95%。

$$\text{CFI} = 1 - \frac{\hat{\delta}_M}{\hat{\delta}_B} \qquad [1.6]$$

第四个模型拟合指标 SRMR，又是一个拟合劣度指标，
表示为模型中平均方差残差（观测和预期的协方差之间的差
异）的函数。因此，SRMR 值为 0 表示完全拟合模型，较高的
值（高于 0.07）表示拟合较差。

将这些 $\chi^2$ 衍生出的拟合值及其对拟合良好模型的相关
阈值视为我们的模型是否合适的单个证据是很重要的。单
独来看，每一个统计值都是有局限的，无法最终证明一个模
型是否很好地拟合数据。然而，综合考虑，尤其当这些拟合
统计值指向相似的方向时，它们可以为我们的模型决定使用
此种或彼种方法提供更有力的依据。因为所有其他检验都
是基于 $\chi^2$ 检验，因此一些人认为它是唯一一个能为模型的适
当性提供支持或反对的有力证据（Barrett, 2007; Hayduk,
Cummings, Boadu, Pazderka-Robinson, & Boulianne, 2007;
Hayduk & Littvay, 2012）。虽然很难从统计的角度来反驳
这一观点，但由于 $\chi^2$ 对偏离正态性的微小偏差和样本量的增
加非常敏感，因此基于这一标准建立拟合模型的负担非常
重。考虑到社会科学中使用的大多数建模方法普遍忽视模
型拟合，拥有众多模型拟合统计量的 SEM 仍然是最保守的
建模方法之一。

## 有关 SEM 的延伸阅读

前几页简要介绍了 SEM 的基本知识。对于这些主题（包括模型设定、识别和估计）的更详细的描述，读者可以参考一些权威的教科书。克兰（Kline，2015）对这些主题以及进一步的建模可能性进行了出色的阐述，其风格适合初学者。[8]博伦（Bollen，1989）深入研究 SEM 背后数学的基础性工作，这对于那些不熟悉矩阵代数的人来说可能更难。

寻求更高级应用的读者可以参考汉考克和米勒（Hancock & Mueller，2006）编辑的书，以及霍伊尔（Hoyle，2012）书中的后几章。对于生物学中模型的处理，参见普杰赛克、托梅尔和冯·艾（Pugesek，Tomer，& Von Eye，2003）的书。为了紧跟该领域的最新发展步伐，我们推荐由劳特利奇出版社（Routledge）出版的《结构方程模型：一本多学科期刊》（*Structural Equation Modeling：A Multidisciplinary Journal*）。

在下一节中，我们将简要介绍 MSEM 的"多层"部分。

# 第 3 节 | 多层次模型的快速回顾

多层（multilevel 或 multilevel models，MLM，也称随机系数或混合效应）设定是可以在同一个模型中容纳多个级别数据层次自变量的一类回归。如果我们认为一个数据结构包含多个分析层次（学校中的儿童、欧盟国家的地区、选区的选民），那么多层次模型允许联立估计一层（儿童、地区、选民）和二层（学校、国家、地区）自变量对因变量的影响。或者，我们也可以将多层次模型视为两个设定的组合：一个是第一层的结果模型，另一个是第一层的系数模型，后者要使用第二层的自变量（Gelman & Hill，2007，p.1）。在政治学中，多层次模型（MLM）最近在研究不同背景下平均效应和特定效应（例如，教育对个人收入的影响）的系统性变化中得到了广泛的应用。

在图 1.4 中，我们为 MLM 模型的图形表示引入了更多的符号惯例。这些惯例将图 1.1 中的惯例扩展到多层次模型的领域。我们遵循 L. K. 穆森和穆森（Muthén & Muthén，1998—2017）在多层次设定中使用实心圆点表示随机截距或斜率，这分别取决于它位于箭头的尖端还是中间。最后，在我们的多层次模型中，一条粗虚线分割开了我们多层次模型的层内和层间部分。[9]

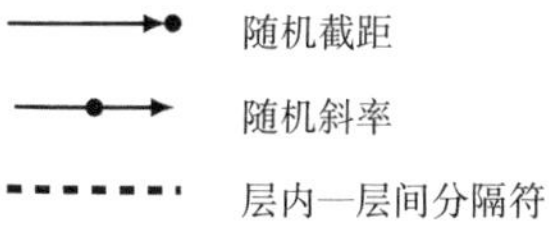

图 1.4　多层次模型图形符号

# 符号

　　我们可以使用标准最小二乘（ordinary least squares，OLS）回归模型作为了解 MLM 如何运行的一个基础。

$$Y_i = \beta_0 + \beta_1 X_i + \varepsilon_i, \ \varepsilon_i \sim N(0, \sigma^2) \qquad [1.7]$$

　　在方程 1.7 中，我们简单地用 $X$ 来解释我们的内生变量 $Y$，并假设该模型的残差 $\varepsilon$ 遵循平均值为 0 且方差为常数 $\sigma^2$ 的正态分布。作为推断统计量的重要模型，OLS 回归具有不可否认的优点：它计算速度快、产生无偏和一致的参数估计以及对抽样不确定性的有效估计，并且对假设的微小违背具有稳健性。然而，OLS"系统"在数据聚集成对所研究现象产生影响的高阶分析单位时会失效。在这种情况下，将观测值视为独立会导致样本量出现虚假性偏大。这时，有效样本量或者我们用来计算标准误的实际独立性信息将小于我们的总样本量（Snijders & Bosker，1999，p.16）。分析单位同质性越强，这种设计效应就越大，与实际样本量相比的有效样本量就越小（Snijders & Bosker，1999，p.23）。

　　例如我们会遇到这种情况：当我们处理由多所学校的学生组成的数据时，我们的兴趣是研究学生考试成绩的协变量。虽然与学生有关的因素起主要作用，但学校层面的做法和条件也会发挥作用:预算、拥有博士学位的教授人数,等等。让我们假设,我们从一个国家中抽取了 $j$ 所学校,从这些样本学校中,再抽取 $i$ 个学生。我们有这些学生的数学考试成绩的信息(用 $Y$ 表示)。我们的多层次模型就变成了方程 1.8:

$$Y_{ij} = \beta_{0j} + \beta_{1j} X_{ij} + \varepsilon_{ij}, \ \varepsilon_{ij} \sim N(0, \sigma^2) \qquad [1.8]$$

我们现在有了一个截距和一个斜率,用来表明 $X$ 对样本中 $j$ 所学校中每所学校的效应。这是 OLS 设定的一个简单扩展,只涉及一个附加的下标。同时,它所带来的影响是巨大的。在不同的情形之间,我们不再有 $X$ 和 $Y$ 之间的相同关系;相反,这种关系在不同的学校间发生变化,可以推测是基于学校层面的因素。总的来说,假设这些参数服从正态分布,其方差可以用二层模型解释,如下所示:

$$\begin{cases} \beta_{0j} = \gamma_{00} + \gamma_{01} Z_j + \upsilon_{0j}, \ \upsilon_{0j} \sim N(0, \sigma^2) \\ \beta_{1j} = \gamma_{10} + \gamma_{11} Z_j + \upsilon_{1j}, \ \upsilon_{1j} \sim N(0, \sigma^2) \end{cases} \qquad [1.9]$$

方程 1.9 中使用的符号来自劳登布什和布雷克(Raudenbush & Bryk, 2002),该方程显示了第二组 $\gamma$ 系数[格尔曼和希尔(Gelman & Hill, 2007)称为超参数]如何构成第一层系数的统计模型。在我们的特殊设定中,$Z_j$ 代表学校层面的自变量,而 $\upsilon$ 是学校层面的残差,且遵循与任何 OLS 回归误差相同的分布假设。把方程 1.9 插入方程 1.8 中,我们就得到了这个多层次模型的扩展形式:

$$Y_{ij} = \gamma_{00} + \gamma_{01} Z_j + \gamma_{10} X_{ij} + \gamma_{11} Z_j X_{ij} + \upsilon_{0j} + \upsilon_{1j} X_{ij} + \varepsilon_{ij}$$

$$[1.10]$$

此处提出的具体模型在文献中可以被称为包括一个跨层交互项($Z_j X_{ij}$)的随机截距($\beta_{0j}$)随机斜率($\beta_{1j}$)模型。该模型包含固定参数（各学校取相同值）和随机参数（因学校而异）。当一个多层次模型研究者提到固定效应和随机效应时，他们指的是这些估计值。在后一类中，我们有 $\upsilon$ 和 $\varepsilon$，由于 $j$ 下标的持续存在，即使在模型的扩展形式中也可以清楚地识别。正是这种参数类型的混合导致了"混合效应模型"这一对应名称（Pinheiro & Bates，2000）。方程 1.10 中给出的设定代表了随机截距随机斜率 MLM 的准版本。当然，可以通过限制学校间的斜率相同来简化结构。另一方面，如果我们所使用的理论框架需要，则通过增加额外的分析层次（例如学区或国家），或者多个双向甚至三维交互，模型可能会更加复杂。

## 估计与模型拟合

在最常使用的框架下，多层次模型无论是在其完全信息还是在有限制信息的变体中，都是通过最大似然法来估计的。[10] 这些基于 ML 的估计具有 SEM 部分已经描述的所有有益属性。与此同时，贝叶斯估计越来越受欢迎，部分原因是它在小样本情况下的灵活性和稳健性（Gelman & Hill，2007；Stegmueller，2013）。模型构建通常以渐进方式进行。研究者将从简单模型开始，通过添加外生变量逐步增加设定的复杂性，从这些变量在不同层次之间的最低层开始，甚至是不同层变量之间的交互（跨层次）。模型拟合的改进将通过似然比检验（如 SEM 部分所述）在每个步骤中进行监测。

## 样本量

　　由于存在数据聚集的多个层次、感兴趣数量的多样性（固定效应与随机效应及其相应的方差估计），以及模型估计的类型，样本量的讨论在这里较为复杂。然而，一个普遍的结论是，如果关注的是固定效应及其方差，那么小组的数量比平均小组的规模更为重要（Maas & Hox，2005，p.88；Raudenbush & Liu，2000，p.204）。经验法则比比皆是。克雷夫特（Kreft，1996）提倡30/30准则：至少30个小组，每个小组有30个观测结果。另一方面，如果设定包括跨层交互作用，则更理想的规则是50/20，如果关注方差分量，甚至可以增加到100/10（Hox，2010，p.235）。在这种情况下，将第二层样本量增加到50或100，就能够得到估计随机效应的功效。文献中的大多数规则都涵盖了连续结果变量的情况。然而，对于广义线性混合效应模型，样本大小的考虑变得更加严格——穆瓦丁、马西森和格莱齐尔（Moineddin，Matheson，& Glazier，2007）建议对这些类型的设定采用50/50的准则。除了说大多数应用需要第一层每个组至少10个观测值的样本量，众多要考虑的因素使得要将所有的提议提炼成普遍建议变得比较困难（Snijders & Bosker，1993）。[11]

　　但具体到第二层样本量，对于一个连续结果变量和一个侧重于固定效应估计和标准误的设定来说，最小样本量大概要在30左右。同时，如果只对第二层固定效应的点估计感兴趣，即使是15个群组的样本也足以得到无偏参数。另一方面,如果关注的是二分结果变量以及固定效应的标准误,那么最小群组数应在 50 左右(见 McNeish & Stapleton, 2016)。估计量之间存在差异,特别是在方差分量估计方面,最大似然法比约束最大似然法表现差。贝叶斯估计在小组层次上对小样本量更为稳健(Stegmueller,2013),但其代价是计算成本大幅提高。[12]

## MLM 的延伸阅读

到目前为止,讨论仅围绕可以建立一个有明确且互斥层级结构的多层线性模型展开:一个选民(或学生)可以来自一个且只有一个国家(或学校)。我们也主要在连续结果变量的背景下讨论它们。有兴趣进一步探究这些话题的读者可以参考劳登布什和布雷克(Raudenbush & Bryk,2002)著述的前九章、斯尼基德斯和博斯克(Snijders & Bosker,2012)、克雷夫特和德·莱乌(Kreft & de Leeuw,1998)或卢克(Luke,2004)的文献,他们比我们在这里研究得更深入。

这些模型的逻辑和符号系统可以扩展到其他类型的数据结构,其中个人可以是交叉性第二层分析单位的成员,也可同时是多种类型分析单位的成员。这种模型被称为交叉分类和多成员模型,可以进一步与一系列不同的结果变量配对:二分类、定序分类、多分类、计数和生存时间。劳登布什和布雷克(Raudenbush & Bryk,2002,ch. 10)对这些模型进行了简要的理论介绍,而更广泛的理论介绍可以在霍克斯(Hox,2010)或戈尔茨坦(Goldstein,2011)的书中找到。对于多层次模型的贝叶斯方法感兴趣的读者,格尔曼和希尔

(Gelman & Hill，2007)、吉尔(Gill，2015，ch. 12)以及克鲁施克(Kruschke，2014，ch. 9)提供了容易理解的介绍。霍克斯和罗伯茨(Hox & Roberts，2011)的书中可以找到关于MLM"前沿"非常好的介绍。

在下一节中，我们将 SEM 和 MLM 建模方法结合，并解释用于此类模型的符号系统。

# 第 4 节 │ MSEM 介绍及其符号系统

## 一个多层路径模型

结构方程模型通常用矩阵代数符号系统或路径图表示。有的将矩阵代数分割成多元联立的回归类方程组。为了简便,在这本书中,我们使用与联立方程组和路径模型相同的方法。在标准结构方程模型形式中,这些联立方程组类似于简单的回归。在多层结构方程模型中,这些回归本身就是多层次模型,也需要这样写。我们尽可能地保持标准多层次文本中使用的符号系统(Raudenbush & Bryk,2002)。在全文中,我们分别使用 $\beta$ 和 $\gamma$ 来表示第一层和第二层回归系数。同样,分别使用 $\varepsilon$ 和 $\upsilon$ 来表示第一层和第二层残差。我们遵循 SEM 的传统,使用不同的希腊字母作为因子负荷。

在这种最普遍的形式中,$Y$ 表示内生变量。换句话说,这些都是箭头指向的因变量。$X$ 表示只作为内生变量协变量的外生变量。这些变量下标有 $i$ 和 $j$,表示观测是针对第 $j$ 个层次单位(无论第二层观测单位是什么,例如国家)中的第 $i$ 个人(或其他第一层单位)。

然而,我们使用上标时,要脱离已建立的多层次回归符号系统。在所有的方程中,上标表示记录了所估计效果的内生变量。在一个简单的多层次模型中,我们只有一个结果变量。在联立多层次回归方程组中,我们得到具有不同因变量的多层次方程组。这就是上标要阐释的内容。我们可以用这个系统写出带有两个第一层变量($X1$ 和 $Y2$)的简单路径模型的方程,如方程 1.11 所示。

$$\begin{cases} Y1_{ij} = \overset{Y1}{\beta}_{0j} + \overset{Y1}{\beta}_{1j}X1_{ij} + \overset{Y1}{\beta}_{2j}Y2_{ij} + \overset{Y1}{\varepsilon}_{ij} \\ Y2_{ij} = \overset{Y2}{\beta}_{0j} + \overset{Y2}{\beta}_{1j}X1_{ij} + \overset{Y2}{\varepsilon}_{ij} \end{cases} \qquad [1.11]$$

$X1$ 和 $Y2$ 是 $Y1$ 的外生协变量,而 $X1$ 对于 $Y2$ 本身是外生的。方程 1.11 第一行中的 $\overset{Y1}{\beta}_{1j}$ 清楚地表明这是 $X1$ 对 $Y1$ 的影响,它与方程 1.11 第二行中的 $\beta_{1j}$ 有明显的区别。使用相同的语法规则,对于第一层截距的一个简单第二层模型可以由方程 1.12 表示:

$$\begin{cases} \overset{Y1}{\beta}_{0j} = \overset{Y1}{\gamma}_{00} + \overset{Y1}{\upsilon}_{0j} \\ \overset{Y1}{\beta}_{1j} = \overset{Y1}{\gamma}_{10} \\ \overset{Y1}{\beta}_{2j} = \overset{Y1}{\gamma}_{20} \\ \overset{Y2}{\beta}_{0j} = \overset{Y2}{\gamma}_{00} + \overset{Y2}{\upsilon}_{0j} \\ \overset{Y2}{\beta}_{1j} = \overset{Y2}{\gamma}_{10} \end{cases} \qquad [1.12]$$

请注意,在方程 1.11 中,仅允许截距 $\overset{Y1}{\beta}_{0j}$ 和 $\overset{Y2}{\beta}_{0j}$ 在第二层分析单位中变化。这些截距的方差分别为 $\overset{Y1}{\upsilon}_{0j}$ 和 $\overset{Y2}{\upsilon}_{0j}$。这个模型不允许斜率的变化。

将方程 1.12 插入方程 1.11,我们将得到多层路径模型的

扩展形式。由于在第一层存在多个方程,该扩展模型还包括
两个方程:

$$\begin{cases} Y1_{ij} = \overset{Y1}{\gamma_{00}} + \overset{Y1}{\gamma_{10}} X1_{ij} + \overset{Y1}{\gamma_{20}} Y2_{ij} + \overset{Y1}{\upsilon_{0j}} + \overset{Y1}{\varepsilon_{ij}} \\ Y2_{ij} = \overset{Y2}{\gamma_{00}} + \overset{Y2}{\gamma_{10}} X1_{ij} + \overset{Y2}{\upsilon_{0j}} + \overset{Y2}{\varepsilon_{ij}} \end{cases} \qquad [1.13]$$

图 1.5 给出了该随机截距模型的一个简易图形描
述。[13] 每个模型显示两组图形,一组用于一个分析层次。第
一层模型看起来和其他任何单层结构方程模型一样。标准
符号系统的一个补充是,在第二层单位之间变化的参数用实
心圆点表示。这些参数可以是在箭头处表示的截距(如图
1.5 所示),也可以是在箭头中间表示的斜率: ⟶● (图
1.7 显示了我们随机斜率符号系统的使用)。

在层间结构中,第一层中有层间变化的任何参数都被标
记为一个潜变量。它之所以是潜在的,是因为从技术上讲,

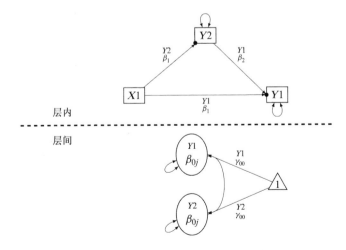

**图 1.5　多层路径模型的图形化转换**

它不是直接在那个分析层次中观测到的；相反，它是根据较低层次的信息来估计的。当然，与多层次回归模型一样，在MSEM中，外生协变量和内生（结果）变量也可以在这个层次上输入。在这个层次上的观测变量仍然用正方形表示。

这个符号系统的一个简单扩展将这个模型推广到这样一个设定中：第一层的截距和斜率都用我们称之为 $Z$ 的第二层变量来解释。为了方便起见，我们展示第一层和第二层模型（方程 1.14 和 1.15），紧接着是模型的扩展形式（方程 1.16）。这种扩展形式是在几个简单的乘法运算之后，重新组织方程项得到的。图 1.6 显示了模型的图形化表示，这有益于读者将路径与模型中最终估计的实际系数联系起来。

$$
\begin{cases}
Y1_{ij} = \overset{Y1}{\beta_{0j}} + \overset{Y1}{\beta_{1j}} X1_{ij} + \overset{Y1}{\beta_{2j}} Y2_{ij} + \overset{Y1}{\varepsilon_{ij}} \\
Y2_{ij} = \overset{Y2}{\beta_{0j}} + \overset{Y2}{\beta_{1j}} X1_{ij} + \overset{Y2}{\varepsilon_{ij}}
\end{cases}
\tag{1.14}
$$

$$
\begin{cases}
\overset{Y1}{\beta_{0j}} = \overset{Y1}{\gamma_{00}} + \overset{Y1}{\gamma_{01}} Z_j + \overset{Y1}{\upsilon_{0j}} \\
\overset{Y1}{\beta_{1j}} = \overset{Y1}{\gamma_{10}} + \overset{Y1}{\gamma_{11}} Z_j + \overset{Y1}{\upsilon_{1j}} \\
\overset{Y1}{\beta_{2j}} = \overset{Y1}{\gamma_{20}} + \overset{Y1}{\gamma_{21}} Z_j + \overset{Y1}{\upsilon_{2j}} \\
\overset{Y2}{\beta_{0j}} = \overset{Y2}{\gamma_{00}} + \overset{Y2}{\gamma_{01}} Z_j + \upsilon_{0j} \\
\overset{Y2}{\beta_{1j}} = \overset{Y2}{\gamma_{10}} + \overset{Y2}{\gamma_{11}} Z_j + \overset{Y2}{\upsilon_{1j}}
\end{cases}
\tag{1.15}
$$

$$
\begin{cases}
Y1_{ij} = \overset{Y1}{\gamma_{00}} + \overset{Y1}{\gamma_{10}} X1_{ij} + \overset{Y1}{\gamma_{20}} Y2_{ij} + \overset{Y1}{\gamma_{01}} Z_j + \overset{Y1}{\gamma_{11}} Z_j Y2_{ij} \\
\quad + \overset{Y1}{\gamma_{21}} Z_j X1_{ij} + \overset{Y1}{\upsilon_{1j}} X1_{ij} + \overset{Y1}{\upsilon_{2j}} Y2_{ij} + \overset{Y1}{\upsilon_{0j}} + \overset{Y1}{\varepsilon_{ij}} \\
Y2_{ij} = \overset{Y2}{\gamma_{00}} + \overset{Y2}{\gamma_{10}} X1_{ij} + \overset{Y2}{\gamma_{01}} Z_j + \overset{Y2}{\gamma_{11}} Z_j X_{ij} + \overset{Y2}{\upsilon_{1j}} X_{ij} + \overset{Y2}{\upsilon_{0j}} + \overset{Y2}{\varepsilon_{ij}}
\end{cases}
$$

$$
\tag{1.16}
$$

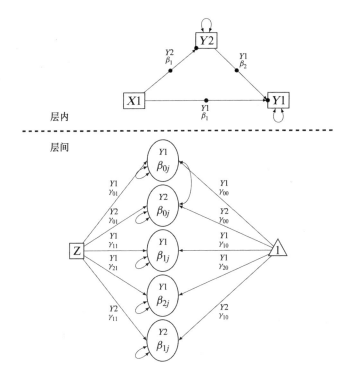

图 1.6　具有随机截距和斜率的多层路径模型的图形化转换

在下一节中，我们将建立一个新的模型，并介绍在多层次设定中潜变量的使用。

## 多层次设定下的完整结构模型

乍一看，完整结构模型相当抽象。让我们想象一下，图 1.7 描述了学生们聚集在教室里的场景。这种情况发生在小学低年级，学生们通常从一位老师那里学习所有的课程。在第一层，这些因素可能是两种不同的能力测量，比如数学和

语言技能（FW1 和 FW2），每一种都用三种不同的测试
（Y1—Y6）来测量。这些因素可能相互关联，但却证明了不同
学生的能力。它们都可以通过观测学生特征（XW）来预测，
比如做作业的小时数，也可以预测观测到的学生层面变量
（YW），比如对学校活动的兴趣。

在层间结构中，FB 是教师的课堂教学能力。在这里，没
有太多理论依据需要区分不同的学科，特别是对于低年级。
所以一个单因素可以表示这种能力。这个单因素由六项测
试组成，每一项都由测量学生能力的班级平均数表示。在这
一分析层次中，可能存在一个教师层面的结果和外生变量
（YB 和 ZB），这不仅与教师层面的因素有关，还与层内关系
的斜率方差以及不同课堂间层内截距的变化有关。

在图 1.7 中，层内因子分别由三个指标（Y1—Y6）测量。
这部分可描述为方程 1.17。Y 是观测指标，可以分解为在 $j$
组中变化的截距 $\lambda_{0j}$，以及在群组和个体之间不变的因子负荷
$\lambda_1$ 或 $\lambda_2$，与在个体 $i$ 和 $j$ 组中变化的潜在结构 FW1 或
FW2 相乘。最后，每个指标都有一个因个体而异的误差项
$\varepsilon_{ij}$。$\lambda$ 中的数值下标是它所指的潜变量。$\lambda_1$ 是 FW1 的因子
负荷，$\lambda_2$ 则是 FW2 的因子负荷。[14]

$$\begin{cases} Y1_{ij} = \overset{Y1}{\lambda_{0j}} + \overset{Y1}{\lambda_1} FW1_{ij} + \overset{Y1}{\varepsilon_{ij}} \\ Y2_{ij} = \overset{Y2}{\lambda_{0j}} + \overset{Y2}{\lambda_1} FW1_{ij} + \overset{Y2}{\varepsilon_{ij}} \\ Y3_{ij} = \overset{Y3}{\lambda_{0j}} + \overset{Y3}{\lambda_1} FW1_{ij} + \overset{Y3}{\varepsilon_{ij}} \\ Y4_{ij} = \overset{Y4}{\lambda_{0j}} + \overset{Y4}{\lambda_2} FW2_{ij} + \overset{Y4}{\varepsilon_{ij}} \\ Y5_{ij} = \overset{Y5}{\lambda_{0j}} + \overset{Y5}{\lambda_2} FW2_{ij} + \overset{Y5}{\varepsilon_{ij}} \\ Y6_{ij} = \overset{Y6}{\lambda_{0j}} + \overset{Y6}{\lambda_2} FW2_{ij} + \overset{Y6}{\varepsilon_{ij}} \end{cases} \quad [1.17]$$

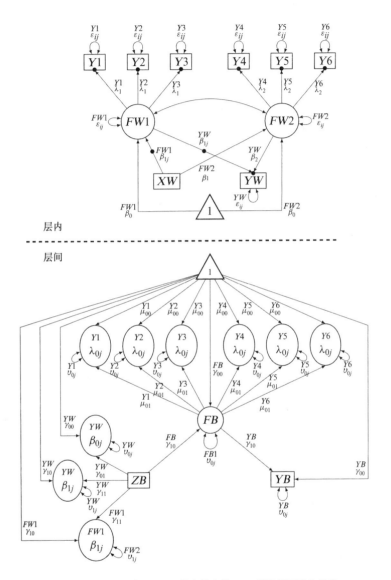

**图 1.7** 具有随机截距和随机斜率的完整 SEM 模型的图形化转换

测量模型的更高层次见方程 1.18。层间因子由全部六

个 $Y$ 指标测量。在 MSEM 中，层内指标的组平均值用于估计层间因子负荷。因此，图 1.7 中的层间部分 Y1—Y6 用 $\overset{Y1}{\lambda_{0j}}$—$\overset{Y6}{\lambda_{0j}}$ 表示。此外，因为它们是模型内部估计的参数，而不是直接观测到的参数，所以用圆表示。在层内部分，它们由从 $FW1$ 和 $FW2$ 指向 Y1 到 Y6 的带箭头实心圆点表示。

在方程 1.18 中，第一层的每个指标截距($\lambda_0$)由第二层单位的总截距($\mu_{00}$)、因子负荷 $\mu_{01}$ 乘以 $FB$，以及各组间的截距方差 $\overset{Y1-Y6}{\upsilon_{0j}}$ 来估计。因此，表示第一层截距的三角形仅把箭头指向两个没有第二层方差的内生变量：$FW1$ 和 $FW2$。其他截距都用黑点表示在不同组中的变化。在层间部分，所有这些总截距都由来自三角形的箭头表示。

$$
\begin{cases}
\overset{Y1}{\lambda_{0j}} = \overset{Y1}{\mu_{00}} + \overset{Y1}{\mu_{01}}FB_j + \overset{Y1}{\upsilon_{0j}} \\[4pt]
\overset{Y2}{\lambda_{0j}} = \overset{Y2}{\mu_{00}} + \overset{Y2}{\mu_{01}}FB_j + \overset{Y2}{\upsilon_{0j}} \\[4pt]
\overset{Y3}{\lambda_{0j}} = \overset{Y3}{\mu_{00}} + \overset{Y3}{\mu_{01}}FB_j + \overset{Y3}{\upsilon_{0j}} \\[4pt]
\overset{Y4}{\lambda_{0j}} = \overset{Y4}{\mu_{00}} + \overset{Y4}{\mu_{01}}FB_j + \overset{Y4}{\upsilon_{0j}} \\[4pt]
\overset{Y5}{\lambda_{0j}} = \overset{Y5}{\mu_{00}} + \overset{Y5}{\mu_{01}}FB_j + \overset{Y5}{\upsilon_{0j}} \\[4pt]
\overset{Y6}{\lambda_{0j}} = \overset{Y6}{\mu_{00}} + \overset{Y6}{\mu_{01}}FB_j + \overset{Y6}{\upsilon_{0j}}
\end{cases}
\qquad [1.18]
$$

模型的结构成分包括一个潜变量的层内外生协变量 $XW$ 和一个由潜变量 $FW1$ 和 $FW2$ 解释的层内内生变量 $YW$。在更高的层次上，有一个外生协变量 $ZB$ 和一个结果变量 $YB$。此外，我们估计了 $YW$ 的随机截距、$FW1$ 对 $YW$ 以及 $XW$ 对 $FW1$ 影响效应的随机斜率（如图 1.7 层内部分的小实心圆所示）和所有内生变量的残差。模型的层内结构部分如方程 1.19 所示：

$$
\begin{cases}
YW_{ij} = \overset{YW}{\beta_{0j}} + \overset{YW}{\beta_{1j}}FW1_{ij} + \overset{YW}{\beta_2}FW2_{ij} + \overset{YW}{\varepsilon_{ij}} \\
FW1_{ij} = \overset{FW1}{\beta_{0j}} + \overset{FW1}{\beta_{1j}}XW_{ij} + \overset{FW1}{\varepsilon_{ij}} \\
FW2_{ij} = \overset{FW2}{\beta_{0j}} + \overset{FW2}{\beta_1}XW_{ij} + \overset{FW2}{\varepsilon_{ij}}
\end{cases}
\quad [1.19]
$$

对应的层间结构模型如方程 1.20 所示：

$$
\begin{cases}
YB_j = \overset{YB}{\gamma_{00}} + \overset{YB}{\gamma_{10}}FB_j + \overset{YB}{\upsilon_{0j}} \\
FB_j = \overset{FB}{\gamma_{00}} + \overset{FB}{\gamma_{10}}ZB_j + \overset{FB}{\upsilon_{0j}} \\
\overset{YW}{\beta_{0j}} = \overset{YW}{\gamma_{00}} + \overset{YW}{\gamma_{01}}ZB_j + \overset{YW}{\upsilon_{0j}} \\
\overset{YW}{\beta_{1j}} = \overset{YW}{\gamma_{10}} + \overset{YW}{\gamma_{11}}ZB_j + \overset{YW}{\upsilon_{1j}} \\
\overset{FW}{\beta_{1j}} = \overset{FW1}{\gamma_{10}} + \overset{FW1}{\gamma_{11}}ZB_j + \overset{FW1}{\upsilon_{1j}}
\end{cases}
\quad [1.20]
$$

为了保持完整性，我们在方程 1.21 中明确表示两个斜率和两个截距不允许变化。

$$
\begin{cases}
\overset{YW}{\beta_{2j}} = \overset{YW}{\gamma_{20}} \\
\overset{FW1}{\beta_{0j}} = \overset{FW1}{\gamma_{00}} \\
\overset{FW2}{\beta_{0j}} = \overset{FW2}{\gamma_{00}} \\
\overset{FW2}{\beta_{1j}} = \overset{FW2}{\gamma_{10}}
\end{cases}
\quad [1.21]
$$

无可否认，我们选择的符号系统是独特的，但我们相信它极大程度地使理解更加容易。而其他替代系统会带来相当大的困难。完全依赖于现有的多层次符号系统会导致在 MSEM 框架中因可能出现的多个第一层方程（每个方程都有自己的 $\beta_{0j}$）而造成混淆。另一方面，SEM 方法通常借助于矩阵来容纳多个联立方程组。例如,使用 B. O.穆森(Muthén,1994,p.382)中的符号系统,定义测量模型的方程 1.17 和方程 1.18 可以被简短地改写为方程 1.22:

$$Y_{ij} = \upsilon + \Lambda_B \eta_{Bj} + \varepsilon_{Bj} + \Lambda_W \eta_{Wij} + \varepsilon_{Wij} \qquad [1.22]$$

在上面的公式中,$Y_{ij}$ 是六个指标的向量,根据 $j$ 组中的不同个体 $i$ 产生变化。$\upsilon$ 是截距向量;$\Lambda_B$ 和 $\Lambda_W$ 分别是模型层间部分和层内部分的因子负荷矩阵;$\eta_{Bj}$ 和 $\eta_{Wij}$ 是这两部分中潜变量的矩阵。$\varepsilon_{Bj}$ 和 $\varepsilon_{Wij}$ 是层间部分和层内部分的残差向量。这个符号系统简洁明了,但对于这种模型的初学者来说较难掌握。我们的选择突出了模型中的单个参数估计,同时可以与软件的输出保持一致。

# 第 5 节 | **估计与模型拟合**

鉴于 MSEM 模型的本质是包含多个分析层次数据的结构方程设定,所以由此产生的估计和拟合测量与 SEM 估计中描述的相似。应通过检验模型 $\chi^2$、RMSEA、CFI、AIC 或 BIC 或简单地通过 $-2LL$ 基础上的似然比检验来比较模型,当然,有时这些指标会得出不同的结论。[15]

然而,袁克海和本特勒(Yuan & Bentler, 2007)发现,在完全模型中使用这些指标可能会有问题:第一,若拟合不良,我们不可能知道拟合不良是来自层内还是层间。第二,在许多应用中,层内样本量远大于层间样本量。ML 拟合函数根据每一层的样本量对模型进行不同的加权,因此,如果第一层样本大得多,精确拟合的 $\chi^2$ 检验和基于该检验的指标[RMSEA、CFI 和 Tucker-Lewis 指数(TLI)]会由第一层模型主导。在前面介绍的拟合指数中,唯一一个能够区分层内拟合和层间拟合的是 SRMR,它可以用来评估特定分析层次上的错误设定。

此外,还有一个对 MSEM 其他现有拟合指数的扩展:部分饱和模型检验(Ryu & West, 2009)。在这个检验中,研究者首先指定层内的假设模型,以及层间的饱和模型,计算 $\chi^2$ 和其他拟合指标。由于层间模型是饱和的,因此拟合非常完美,任何拟合不良的地方都与层内部分有关。接下来,模型被转换:层间模型被指定为假设模型,而层内模型被指定为饱和模型。与刚刚相反,由 $\chi^2$ 检验、CFI、TLI 和 RMSEA 显示的任何拟合不良都属于层间拟合。这种方法对模型拟合的问题给出了更精确的估计,并可以指出其中一个层次(或两个层次)是否设定错误。我们仅在第 3 章中一个多层次测量模型的例子中演示了部分饱和模型检验。对于本书中剩下的例子,我们依赖于全局拟合和 SRMR 来指示两个层次上可能存在的拟合不良。到目前为止,还不能自动实现部分饱和检验,同时,为每个示例拟合三个独立的模型会使其他主题的演示变得无趣。然而,我们建议研究者在自己的研究中评估模型在这两个分析层次中的拟合情况。

# 第 6 节 | 本书和网上资料的涵盖范围

在下一章中,我们将展示多层路径模型在跨国家调查中的最常见用途。在第 3 章中,我们将说明多层验证性因子模型。我们使用一个包括校内学生群体调查的教育数据集进行阐释。最后,在第 4 章中,我们使用员工分组到不同公司的一组数据,展示最常见的包含潜变量以及这些潜变量(和观测变量)之间结构路径的多层结构方程模型。第 5 章的结论包括对潜在的 MSEM 建模扩展的简要讨论。

本书还有一个在线附录,网址如下:http://levente.littvay.hu/msem/。它包括数据和复制命令,来重新生成第 2 章、第 3 章和第 4 章中介绍的所有模型。所有的模型都可以配合软件同时使用,所有的结果都是使用 *Mplus* 8.1 的免费演示版(Muthén & Muthén,1998—2017)获得的,网址为:http://statmodel.com。对于某些模型,我们还提供了与 Lavaan 0.6—2 版一起运行的 R 命令(Rosseel,2012)。[16] 截至本书撰写之时,lavaan 无法运行具有随机斜率的多层结构方程模型(如图 2.5、图 3.5 和图 4.8)。如果情况发生变化,附录将更新,以囊括这些示例。我们还提供 LaTeX 代码,以产生本书中的所有图形和方程。任何不可避免会被发现的错误也会再上传到网页的文件中。

第**2**章

多层路径模型

在上一章中,我们简要介绍了结构方程模型和多层次模型,以及如何将建模和符号系统合并到一个框架中。到目前为止,分析层次数据结构的最常用方法仅限于回归类建模情况。本章将更复杂的关系结构概括为多层次框架。路径模型可以说是最简单的结构方程模型,它只包含观测变量,但不仅限于只有一个内生变量和多个外生变量的情况。在这里,我们将这些模型推广到多层次框架。

简单性通常与灵活性相伴而生,路径模型已被广泛应用于各种问题。事实证明,当它们与模型中变量之间恰当的因果顺序相结合时,它们尤其强大并且富有见地。一个典型的例子是布劳和邓肯(Blau & Duncan, 1967)关于美国职业等级中代际流动的著名描述。作者认为父母的教育和职业是纯粹的外生因素,影响子女的教育和第一份工作(内生因素)。通过这些传递机制,也直接影响到第二代人在职业等级中的当前地位(见 Blau & Duncan, 1967, fig. 5.1)。通过路径模型建模的使用,作者能够确定父母因素和个人努力对职业分层过程的相对贡献,以及父母因素发挥作用的路径。

这种建模策略的另一个特点是,它能够通过非递归的设定来表现交互效应。一个早期的例子是邓肯、哈勒和波特斯

(Duncan, Haller, & Portes, 1971)关于同龄人对职业抱负影响的模型。在这里,个人智力和家庭社会经济地位(socioeconomic status, SES)都会影响一个人的职业抱负。相应的因素自然而然地塑造了同龄人的职业抱负。然而,作者也介绍了一个朋友的家庭社会经济地位通过榜样的作用来影响其职业抱负的可能性,以及朋友双方的抱负对塑造彼此抱负的可能性。这种做法精简而利落,作者在此以及后续使用的设定使他们能够厘清一个人的职业抱负有多少是由于个人因素、榜样的影响或同龄人的示范形成的。最后一个例子揭示了路径模型建模的一个经常被遗忘的优点:在模型恰当设定的假设下,可以估计方差—协方差矩阵中非对角线上单元的能力,然后在模型的估计中进一步使用它们。这由邓肯(Duncan, 1968)通过使用多个数据来源完成,目的是估计方差—协方差矩阵中的单元。对于因数据缺失而无法使用数据来源获得测量值的单元,路径分析规则的应用会根据矩阵和模型设定中已有的信息生成这些协方差(Duncan, 1968, p.7)。最后,利用方差—协方差矩阵对模型进行估计。路径分析的这些特征使其在变量之间可能存在交互效应或关联的情况下非常简便和强大。[17]

在进入本章的实质内容之前,我们希望读者重新阅读图1.1 中所示的 SEM 模型和图 1.4 中所示的 MLM 模型的符号惯例。这些以图形方式描述 MSEM 模型的方法从现在起将在我们讨论的大多数设定中一直使用。这里需要注意的是,虽然我们有时使用术语"预测变量"和"预测"来指代变量的外生协变量及其影响,但我们并不是通过使用这种表达来意指因果顺序。

我们从第四期世界价值观调查(World Values Surveys, WVS, ·项对多个国家进行多层次分析的跨文化调查)的一

个例子开始进行多层分析。我们感兴趣的是公民的自我表
达价值观(可在 WVS 数据中找到),它在从经济发展开始到
最终产生民主化(见 Inglehart & Welzel,2009)的理论关系
链中发挥着主要的中介作用。这些价值观标志着个人高度
重视参与决策、重视个人个性的表达而非墨守成规、重视环
保责任以及对不同生活方式宽容。作为理论上的好奇,同时
也是一个实际问题,我们感兴趣的是哪些个体是最有可能表
现出这种自我表达价值观的。考虑到他们更倾向于向专制
政权施压以增加政治开放度,确定与这些价值观相关的个人
层面因素可以帮助我们更好地解释一个国家出现的变革压
力。在更深层的分析中,确定与这种价值观更大优势相关的
系统性特征也有助于宣传组织更好地致力于民主促进。

表 2.1    世界价值观调查的变量列表示例

| 编码 | 项目 | 反应尺度 |
|---|---|---|
| **个人层面** | | |
| SEV | 强调公民行动主义、主观幸福感、宽容和信任、个人自主和选择的重要性(Inglehart & Baker,2000) | 尺度范围约为 $-1$ 到 3.16 |
| AGE | 受访者的年龄 | 数字,从 15 到 101 |
| INC | 受访者的家庭收入 | 定序型数据,从 1 到 10(十分位数) |
| EDU | 受访者的最高学历 | 定序型数据,从 1("未完成初等教育")到 8("在大学获得学位") |
| **国家层面** | | |
| GDP | 按购买力平价调整的国家国内生产总值/人均国内生产总值(按现行国际美元计算) | 数字,样本尺度范围约从 1 000 到 75 000 |

注:WVS 数据集中的原始变量名为 survself(SEV)、X003(AGE)、X047(INC)和 X025(EDU)。QoG 数据集(2016 年 1 月版)的原始变量名为 wdi_gdppcpppcur(GDP)。

　　目前的多层次数据结构是在国家内部将个人分组的一种结构。第一层的变量中,首先是一个建构的自我表达价值观量表,这在原始数据集中是可用的;在这里,较高的分数表示个人更重视自我表达。我们的数据中也有个人的收入(从1 到 10,以收入十分位数表示),还有年龄(以十年为单位进行测量,经过重新调整,0 表示 1.8 个十年),以及所获得的最高学历(分为八个类别的定序变量)。在国家层面,人均国内生产总值(GDP)经购买力平价(PPP)调整,以恒值国际美元表示,从世界发展指数中得出。遵循文献中的惯例,使用GDP 的自然对数来消除模型收敛问题,实现变量和潜在残差的正态性,并确保关系更接近线性。简单起见,所有模型都是根据 55 个国家 42 619 名受访者的样本进行估计的。这是通过在估计之前对缺失信息进行成列删除(listwise deletion)来保证的。

　　我们的例子的确进行了削减,对于自我表达价值观只留有四个外生协变量。这样做的主要原因是要将模型设定和数值保持在可控的大小和复杂性上。同时,我们的设定可以获得大多数真实生活中 MSEM 的核心特性。正如读者将在以下部分中看到的,即使使用这样一个简化的模型,我们也能够提供一些初步的答案,即哪些个人和国家层面的因素是与高度自我表达价值观相关的。值得注意的是,可以通过向模型中添加更多感兴趣的结构来扩展示例,但是要解释的结果数量会随之增长。综上所述,我们发现这种设定是一个合适的教学手段,但对于个人层面的自我表达价值观,这与一个确定因果关系和设定恰当的模型仍存在一定距离。

# 第 1 节 │ 多层次回归实例

当面对分层数据结构和前面提到的一系列理论问题时，应用数据分析者的第一反应可能是使用标准的多层次模型。通过这种数据配置，分析者可以确信模型产生的标准误是准确的，并且基于前后关系的外生协变量（即，情境外生协变量）对个人层面因变量的任何影响都将被准确估计。出于示范目的，一个非常简单的模型可能是建立自我表达价值观对个人层面的收入、教育和年龄以及国家层面的人均 GDP 的线性回归。这正是韦尔策尔和英格尔哈特（Welzel & Inglehart，2010）在研究自我表达价值观的驱动因素时使用的模型类型。

图 2.1 显示了模型的图形形式以及估计的参数。尽管它是基于一个设定不足的模型，但结果是可信的。所有三个外生协变量在统计意义上都是显著的，并按照预期产生效果：平均而言，受教育程度越高的个人表现出更大程度的自我表达价值观，收入越高的人也会表现出更大程度的自我表达价值观。同样地，尽管我们无法根据这个设定来判断我们是在处理年龄效应还是世代效应，但老年人显示出了较低程度的自我表达价值观。更重要的是，虽然我们只使用了 WVS 的一次调查，但我们发现的影响在韦尔策尔和英格尔哈特

(Welzel & Inglehart,2010)发现的范围之内,尽管他们的模型稍微复杂一些,并且是在 WVS 的三次调查基础上估计的。此外,在第二层,人均 GDP 对个人表现自我表达价值观的程度有积极影响:较富裕的国家的人口也有较高的平均自我表达价值观水平。进一步的研究当然等待应用建模者去完成:检验可替代的设定、得出最佳拟合模型、检查残差等。然而,如果最终模型通过了所有的"质量检查",那么建模者需要对系数进行最终解释来得出结论。

需要指出的是,研究者尝试的可供选择的设定都假设每个外生协变量与结果变量之间存在直接联系,并且都估计了这些变量对结果变量的直接影响。然而,在许多情况下,这种方法显然忽略了外生变量之间可能存在的联系。在个人层面的投票率标准分析中,教育是投票率和政治效能的解释因素,而政治效能本身则是投票率的决定因素。由于受到政党动员工作或来自社会网络的压力,以及预测问题的立场(它本身会指导政党选择)的影响,社会阶层被认为是直接解释政党选择的原因。最后,在我们简化的例子中,年龄不仅是自我表达价值观的一个解释因素,而且也是受教育程度的一个解释因素。

在这种直接和间接统计关联的情况下,过去 40 年的标准建模方法是采用 SEM 模型。在这样一个设定中,收入、教育和年龄不仅可以解释自我表达价值观,而且还可以相互联系(例如,年龄与教育之间的关系)。这有效地将教育从单纯的外生预测变量转变为内生预测变量。虽然标准的 SEM 方法背后的理论和估计程序已经牢固地建立了起来,但在我们的案例中,这些方法的用途是有限的。多层次分析数据(个

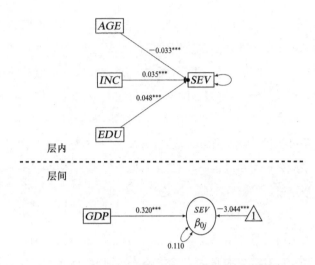

图 2.1　标准的多层次回归模型设定(非标准化结果报告)

人集聚在各国)的存在意味着标准误将是无效的,并且暗示着,在标准 SEM 中的一系列显著性检验将是不精确的。以人均 GDP 为例,我们的分析将把样本中的 42 619 个成员视为对最终估计数量及其不确定性贡献的独特信息。然而,这显然是错误的,因为对于 GDP,我们只有 55 个衡量标准,在我们的样本中,每个国家有一个值。虽然没有那么严重,但同样的问题困扰着我们模型中其他外生变量和内生变量的估计。

　　紧接着,分析者要面临一个两难的境地:要么以忽略模型中更大的关联结构为代价,通过 MLM 模型获得对效应和不确定性的准确估计;要么以忽略数据集群的估计为代价,通过使用 SEM 对这种结构进行适当的建模。接下来,我们将介绍一些使研究人员克服这些困境的模型设定,并通过在第二层的分析中涵盖变量(包括原因和结果)来增加额外的建模灵活性。

# 第 2 节 ｜ 随机截距模型

　　我们最初讨论的模型设定如图 2.2 所示,描述了多层路径模型的标准设置。我们对受访者在自我表达价值观量表上的位置在收入、年龄和教育上进行线性回归,而年龄是教育的协变量,教育和年龄是个人收入的解释因素。因此,在这个模型中,收入、教育和自我表达价值观是内生变量,而年龄是外生变量。关系结构以符号形式在方程 2.1 中给出。在某种意义上,这是一个中介模型(Iacobucci,2008),教育和年龄对自我表达价值观分别由收入和教育产生间接影响。在这个模型中,我们还控制了年龄对收入的影响,这对自我表达的影响只是间接的。

$$\begin{cases} SEV_{ij} = \overset{SEV}{\beta_{0j}} + \overset{SEV}{\beta_{1j}} INC_{ij} + \overset{SEV}{\beta_{2j}} EDU_{ij} + \overset{SEV}{\beta_{3j}} AGE_{ij} + \overset{SEV}{\varepsilon_{ij}} \\ INC_{ij} = \overset{INC}{\beta_{0j}} + \overset{INC}{\beta_{1j}} EDU_{ij} + \overset{INC}{\beta_{2j}} AGE_{ij} + \overset{INC}{\varepsilon_{ij}} \\ EDU_{ij} = \overset{EDU}{\beta_{0j}} + \overset{EDU}{\beta_{1j}} AGE_{ij} + \overset{EDU}{\varepsilon_{ij}} \end{cases}$$

$$[2.1]$$

　　在这一点上,该模型不过是一个结构方程模型。但我们知道,数据集里的个人来自不同的国家。为了说明分层数据可能产生的被忽略的偏差,我们允许此模型中的截距在不同国家有所不同。我们相信,尽管年龄对教育的影响和教育对

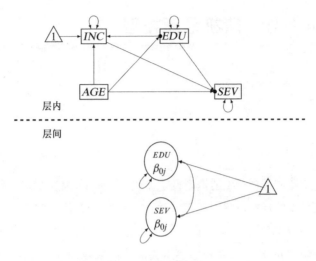

图 2.2　标准的路径模型

自我表达价值观的影响在各个国家大致相同,但各国的教育
水平和自我表达价值观的基线水平是不同的。我们希望大
多数读者会认为这一说法是合理的,至少在教育方面是这
样。因此,这些截距可以在不同国家有所不同。也可以说,
收入的差异可能令人感兴趣,但鉴于将变量标准化为十分位
数,解释这种影响(特别是在国家层面)将相当困难。因此,
基于这个示例练习的目的,我们把这个变量当作一个控制变
量,而不是一个有实质意义的变量,同时我们忽略所有估计
的随机效应。

　　在这里,我们允许上述截距在国家之间存有差异。这
样,在 MSEM 估计中,我们将总协方差矩阵分成两部分:一
个层内,一个层间。它们是相加关系(也就是说,总方差是
层内协方差和层间协方差的和)和不相关关系(Muthén,
1994)。我们还增加了一个国家层面的预测变量,以解释这

两个变化的不同截距：人均 GDP。第一层的六个斜率（一个用于收入，两个用于教育，三个用于年龄）不允许因国家而异。遵循斯尼基德斯和博斯克（Snijders & Bosker，1999）提出的惯例，用第二层 $\gamma$ 而不是第一层 $\beta$ 表示固定截距和斜率，由方程 2.2 给出如下关系式：

$$\begin{cases} \beta_{0j}^{SEV}=\gamma_{00}^{SEV}+\gamma_{01}^{SEV}GDP_j+\upsilon_{0j}^{SEV} \\[1mm] \beta_{1j}^{SEV}=\gamma_{10}^{SEV} \\[1mm] \beta_{2j}^{SEV}=\gamma_{20}^{SEV} \\[1mm] \beta_{3j}^{SEV}=\gamma_{30}^{SEV} \\[1mm] \beta_{0j}^{INC}=\gamma_{00}^{INC} \\[1mm] \beta_{1j}^{INC}=\gamma_{10}^{INC} \\[1mm] \beta_{2j}^{INC}=\gamma_{20}^{INC} \\[1mm] \beta_{0j}^{EDU}=\gamma_{00}^{EDU}+\gamma_{01}^{EDU}GDP_j+\upsilon_{0j}^{EDU} \\[1mm] \beta_{1j}^{EDU}=\gamma_{10}^{EDU} \end{cases} \qquad [2.2]$$

对于每个第一层方程，模型的扩展形式成为方程 2.3 中所示的设定：

$$\begin{cases} SEV_{ij}=\gamma_{00}^{SEV}+\gamma_{10}^{SEV}INC_{ij}+\gamma_{20}^{SEV}EDU_{ij}+\gamma_{30}^{SEV}AGE_{ij} \\[1mm] \qquad\quad +\gamma_{01}^{SEV}GDP_j+\upsilon_{0j}^{SEV}+\varepsilon_{ij} \\[1mm] INC_{ij}=\gamma_{00}^{INC}+\gamma_{10}^{INC}EDU_{ij}+\gamma_{20}^{INC}AGE_{ij}+\varepsilon_{ij} \\[1mm] EDU_{ij}=\gamma_{00}^{EDU}+\gamma_{10}^{EDU}AGE_{ij}+\gamma_{01}^{EDU}GDP_j+\upsilon_{0j}^{EDU}+\varepsilon_{ij} \end{cases} \qquad [2.3]$$

方便起见，图 2.3 中还以图形形式展示了模型，其中包括模型的估计值。与简单的多层次模型一样,我们发现年龄对自我表达价值观有直接影响($\gamma_{30}^{SEV}=-0.033^{***}$)。但同样清楚的是,一些原本为自变量 *SEV* 的变量本身变成了内生变量;比如,年龄对教育发挥着重要的影响($\gamma_{10}^{EDU}=-0.297^{***}$)。

因为该模型只估计每个协变量和结果变量之间的直接关系,这可能导致多层次模型完全忽略了一些间接影响。在这里,情况显然不是这样。年龄对教育的负面影响很可能是由以下事实来解释的:在我们的样本中,教育机会最近才在相当多的国家扩大。这意味着,总体人口中的年轻人平均比老年人受教育程度更高,也就导致我们观测到的负面估计。

从图 2.3 下半部分来看,在本模型设定中,人均 GDP 对自我表达价值观的截距有积极影响(或者我们也可以说,直接影响自我表达价值观),但不影响教育获得。这样看来,即使在我们控制了包括收入在内的个人层面因素之后,在富裕国家,自我表达价值观也会有更高水平。然而,由于较富裕和较贫穷国家的教育获得水平大致相同,因此这种影响并不是源于这些国家较高的平均教育水平。一种解释可能是较富裕和较贫穷国家倾向于强调的教育类型。我们推测,较富裕的国家比贫穷的国家更重视博雅教育。这促成了构成自我表达群组(cluster)的一些态度,例如自我表达和对参与的重视。另一方面,GDP 较低的国家对这类教育的重视程度较低。反过来,这些国家的课程更倾向于记忆和精密科学。综上所述,我们认为在不同 GDP 水平的国家,可能是其教育内容不同,而不是教育的绝对年限不同。

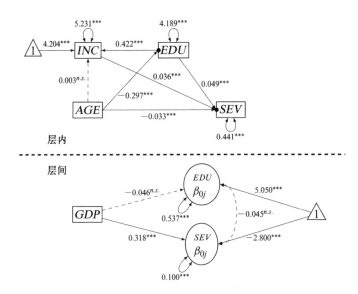

**图 2.3　具有随机截距的多层路径模型(未标准化结果报告)**

　　为了能充分表达,我们需要注意的是,出于精简考虑,这个数字有一个额外的估计参数并未在方程中表示出来。这就是 EDU 和 SEV 截距之间的协方差,它可以在第二层不同单位之间变化,在图 2.3 的层间部分用连接圆圈(潜在指标)的曲线箭头表示。重要的是要牢记,从第一层截距(或斜率,见下一节)的方差分量中产生的这些第二层潜变量之间的协方差可以共变,或者可以固定为 0,即强制没有任何关联。尽管另一流派学者建议在精简和模型拟合之间寻求适当的平衡,从而推动这些决策,如果需要的话,不需要以理论为基础,但我们认为决策应该基于理论预期。

　　与 MLM 或 SEM 相比,无论从数据中得出的实际结论如何,我们都相信 MSEM 设定在分层数据结构情况下所增加的效力。的确,年龄、教育和收入对个人层面的影响与前一个模型中显示的结果大致相似。与此同时，这样的模型设定允许我们对实际操作的影响路径提供更丰富的描述。我们现在可以看到，年龄对自我表达价值观既有直接影响，也有通过教育产生的间接影响。教育对自我表达价值观的影响也是如此。

# 第 3 节 ｜ 随机斜率模型

图 2.3 所示的模型设定概括说明了自我表达价值观与年龄、收入和教育以及国家层面的人均 GDP 之间的关系。该模型的关键点是，人均 GDP 与一个国家的自我表达价值观水平相关。这表明，在较富裕的国家，自下而上的民主变革压力可能更大（Epstein，Bates，Goldstone，Kristensen，& O'Halloran，2006；另参 Przeworski，Alvarez，Cheibub，& Limongi，2000，其观点与之相悖）。此外，在国家内部，更年轻、受教育程度更高的公民更有可能怀有这些价值观。

然而，我们认为，关于构成数据生成的动态过程，还有更多有待发现的内容。通过分解年龄、教育和自我表达价值观之间的关系，我们发现，年龄和教育的影响存在异质性（见图 2.4）。虽然教育对自我表达价值观的影响大多是积极的，但它的影响程度显然各不相同，荷兰最高，为 0.162，乌干达最低，为 −0.005（印度是唯一一个负效应的国家）。同样，对于教育来说，其影响主要是负面的，丹麦最低，为 −0.162。与此同时，显然存在有正面影响的情况，例如阿尔及利亚、匈牙利、摩尔多瓦和美国（总共六个国家）。最后，年龄对教育的影响主要是负面的：一般来说，老年人受教育程度较低，这可能是因为他们在向步入成年时可获得的受教育机会更加有

限。负面影响最大的是阿尔及利亚(−0.876)。然而,也存
在积极影响(美国),以及几乎没有影响(捷克共和国、坦桑
尼亚或乌干达)的情况。因此,在我们的最终设定中,我们
还允许这些关系在各国之间(随机)变化,并增加了人均
GDP作为这种差异的解释因素。人均GDP是教育对自我
表达价值观的斜率、年龄对自我表达价值观的斜率和年龄
对教育的斜率的潜在调节因子。此外,与之前的设定一样,
教育和自我表达价值观的截距允许各国间有所不同,并按
人均GDP进行预测。这实际上是必要的;当允许斜率在第
二层单位之间变化时,允许截距也发生变化是很重要的。
因此,尽管我们将其简称为随机斜率模型,但该模型也一直
是随机截距模型。

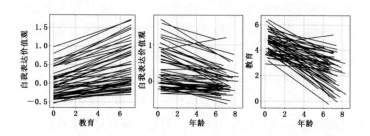

**图 2.4** 教育、自我表达价值观和年龄之间的双变量关系(单独国家的拟合线)

图2.5给出了该模型的图形形式,以及估计程序的结果。
在方程2.4中,我们只给出了设定的扩展形式。

$$SEV_{ij} = \overset{SEV}{\gamma_{00}} + \overset{SEV}{\gamma_{10}}INC_{ij} + \overset{SEV}{\gamma_{20}}EDU_{ij} + \overset{SEV}{\gamma_{30}}AGE_{ij}$$
$$+ \overset{SEV}{\gamma_{21}}GDP_j EDU_{ij} + \overset{SEV}{\gamma_{31}}GDP_j AGE_{ij} + \overset{SEV}{\gamma_{01}}GDP_j$$
$$+ \overset{SEV}{\upsilon_{2j}}EDU_{ij} + \overset{SEV}{\upsilon_{3j}}AGE_{ij} + \overset{SEV}{\upsilon_{0j}} + \overset{SEV}{\varepsilon_{ij}}$$

$$INC_{ij} = \overset{INC}{\gamma_{00}} + \overset{INC}{\gamma_{10}} EDU_{ij} + \overset{INC}{\gamma_{20}} AGE_{ij} + \overset{INC}{\varepsilon_{ij}}$$

$$EDU_{ij} = \overset{EDU}{\gamma_{00}} + \overset{EDU}{\gamma_{10}} AGE_{ij} + \overset{EDU}{\gamma_{01}} GDP_{j} + \overset{EDU}{\gamma_{11}} GDP_{j} AGE_{ij}$$

$$+ \overset{EDU}{\upsilon_{1j}} AGE_{ij} + \overset{EDU}{\upsilon_{0j}} + \overset{EDU}{\varepsilon_{ij}} \qquad [2.4]$$

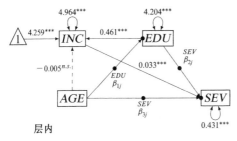

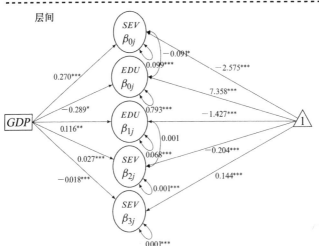

**图 2.5　具有随机截距和斜率的多层路径模型(非标准化系数)**

与随机截距模型相比,第一个变化是 GDP 对教育的影响变得显著。允许斜率变化也会影响教育截距的变化,从而提高 GDP 解释这种差异的能力($\overset{EDU}{\gamma_{01}} = -0.289^{*}$)。当人均

GDP 对教育进行线性回归时,人均 GDP 对于教育对自我表达价值观($\gamma_{21}^{SEV}=0.027^{***}$)和年龄的斜率($\gamma_{01}^{EDU}=0.117^{**}$)的影响也具有统计意义上显著的调节效应。最后,$GDP$ 也显著影响年龄与自我表达价值观之间的关系($\gamma_{31}^{SEV}=-0.018^{***}$)。例如,在极其贫穷的国家,教育对自我表达价值观的影响是负面的,而在较富裕的国家,这种影响变得积极。同时,在较贫穷的国家,年龄对教育的影响是负面且相对较小的。在较富裕的国家,年龄对教育的影响更大,甚至更为消极。从本质上讲,在较富裕的国家,接受多年的教育是当今的常态,而仅在 50 年前,情况并非如此。因此,老年人所受的教育往往比年轻一代少得多。同样的现象在较贫穷的国家也在发生,但当代人在教育方面的差异仍然很大。例如,在有高比例人口从事农业的社会中,人们常常不去学校以帮助经营家庭农场。虽然这种情况也可能发生在较富裕的国家,但更常见的是先让人去攻读农业学位。此外,留在不需要接受正规教育而继续经营家族企业这样传统部门的人越来越少。这些都是教育在较贫穷国家影响较弱而在较富裕国家影响更大的可能原因。这里提出的第一个发现可以通过标准的 MLM 分析来揭示;第二个发现只能在 MSEM 模型中进行正式检验。

此外,请注意,唯一包含的第二层协方差是随机截距模型中估计的协方差。如果理论上相关,就可以检验其他的协方差分量,例如斜率之间的关系或截距与斜率之间的关系。经过严谨的理论阐发,我们可能假设,当从国家层面考虑时,内生变量(如收入)的截距与教育和自我表达价值观之间的关系是如何相关的。虽然这些深入的理论思考哪怕在多层次回归模型建模文献中也很少，但这并没有阻碍该方法广受社会科学家欢迎。与多层次模型的情况一样，对于 MSEM，我们的经验模型允许它比理论框架中常见的模型有更大的灵活性。然而，为了检验这种关系，我们不应忘记，我们在国家层面的样本量仍然是 55 个，对于一个便利抽样的样本，我们正在处理的方差估计由于样本量有限已经不稳定。这些估计值的估计力量极为不足，因此即使在发现具有统计意义的结果时也相当不可靠。遗憾的是，在世界上没有足够多的国家的情况下，采用跨国调查进行大样本研究是不可想象的，但在研究选区选民、教室里的学生或医生的病人时，大样本是非常合理的。

# 第 4 节 | 随机截距和随机斜率模型的比较

　　将表 2.2 中的随机截距模型与随机斜率模型进行比较，我们得出的结论是，与前者相比，后者在拟合上得到了改进。随机截距模型的偏差为 460 015.6，而随机斜率模型的偏差为 457 398.7。两者之间的差异为 2 616.9；考虑到具有 $23-17=6$ 个自由度的 $\chi^2$ 分布的临界值为 12.59，这在统计意义上是非常显著的。这表明随机截距模型与随机斜率模型相比，拟合数据较差。AIC 和 BIC 都再次验证了这一结论，因为它们对于后者来说要小得多。

**表 2.2　模型拟合统计**

|  | 偏差($-2LL$) | AIC | BIC | 参数 |
|---|---|---|---|---|
| 随机截距 | 460 015.6 | 460 049.6 | 460 196.8 | 17 |
| 随机斜率 | 457 398.7 | 457 444.7 | 457 643.9 | 23 |

　　注：随机截距模型的估计值如图 2.3 所示，随机截距和随机斜率模型的估计值如图 2.5 所示。

# 第 5 节 | 中介作用与调节作用

MSEM 相对于简单的多层次回归模型的一个优势是我们能够检验超出一个因变量与多个自变量相关的关系"结构"。通过这一新获得的灵活性,我们可以检验我们关联结构中的中介关系,这为衡量我们感兴趣的协变量的直接效应和间接效应开辟了可能。

## 中介作用

中介关系存在于外生协变量与结果变量之间的关联是通过第三个变量(中介变量)传递的情况之下。虽然调节作用解释了协变量和结果变量之间关联强度的变化,但中介作用将以特定传递机制的形式准确说明这种联系是如何进行传递的(Baron & Kenny,1986)。图 2.6(a)描述了这个实例,其中 $M$ 在 $X$ 和 $Y$ 之间的关系中充当中介变量。在对社会现象如何展开提供更丰富的描述的同时,中介作用还依赖于一系列更严格的假设。$X$、$M$ 和 $Y$ 之间的路径描述要求研究者保证严格的时间顺序,即 $X$ 在因果上先于 $M$,$M$ 在因果上先于 $Y$。

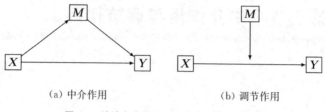

(a) 中介作用  (b) 调节作用

**图 2.6 统计中介作用和调节作用的基本框架**

在多层次模型的背景下讨论简单中介框架（Baron & Kenny，1986）时,仅用三个变量（$X$、$M$ 和 $Y$）生成的各种结构给标准 MLM 的设定带来了困难。正如张震、塞弗和普里彻（Zhang, Zyphur, & Preacher，2009）所指出的,即使是标准结构,比如,第二层外生协变量和第一层结果变量之间的中介变量是第一层的变量,也会导致组内效应（从 $M$ 到 $Y$）和组间效应（从 $X$ 到 $M$）的混淆问题。然而,如果我们使用克鲁尔和麦金农（Krull & MacKinnon，2001）提出的用数字表示中介链中某个变量层次的符号惯例,除了这种 2→1→1 的情形之外,还有很多可能性。比如,第一层的 $M$ 介导第一层的 $X$ 和第二层的 $Y$（1→1→2）之间的关联。这些微观—宏观效应（Snijders & Bosker，1999）,以及 2→1→2, 1→2→2,甚至 1→2→1 等各种结构,根本无法在标准 MLM 设定中进行检验,因为它无法容纳第二层的结果变量（Preacher, Zyphur, & Zhang，2010，p.211）。这就是 MSEM 框架被证明特别有用的地方。

在前面展示的多层结构方程模型的例子中,我们有能对自我表达价值观产生直接影响和间接影响的多层关系。一个明显的例子是年龄和自我表达价值观之间的关系。在图 2.1 的多层次回归模型中,我们看到年龄对自我表达价值观的影响是$-0.033^{***}$。基于图 2.3 中随机截距模型的估计值实际上是相同的。但是,考虑到年龄和教育是相关的,图 2.3 强调了年龄和自我表达价值观之间的关系可以通过教育起作用。因此,除了在排除教育和收入的影响后得到的年龄的直接影响,还存在通过教育传递的年龄的间接影响。[18]在这个具体的例子中,我们要处理的是 1→1→1 的中介设定。在单层次 SEM 中,我们将使用追踪规则来找到年龄通过教育对自我表达价值观的间接影响。它只不过是从年龄到教育以及从教育到自我表达价值观的系数的乘积(系数乘积法)。

然而,在多层次设定中,两个随机斜率系数被假定为服从二元正态分布的随机变量,这意味着应用此简单规则会导致有偏估计(Kenny,Korchmaros,& Bolger,2003)。实际上,间接效应的期望值是两个系数加上它们协方差的乘积(Goodman,1960;Kenny et al.,2003)。因此,为了寻找年龄对自我表达价值观的间接效应,我们考察了年龄对教育和教育对自我表达价值观的平均效应的乘积,并把两者之间的协方差相加。此规则仅适用于两条路径都具有随机效应的情况。[19]该乘积的最大似然估计为$\gamma_{10}^{EDU} * \gamma_{20}^{SEV} + \mathrm{Cov}(\gamma_{10}^{EDU}, \gamma_{20}^{SEV}) = (-1.427) \times (-0.204) + 0.001 = 0.293^{**}$。[20]同样,教育对自我表达价值观存在直接效应($\gamma_{20}^{SEV} = -0.204^{***}$),并存在通过收入产生的间接效应。在这种情况下,由于至少有一条路径,或者在我们的案例中,教育对收入、收入对自我表达价值观的影响不允许在不同国家有所不同,因此要运用单层次追踪规则。所以,$\gamma_{10}^{INC}\gamma_{10}^{SEV} = 0.015^{***}$。

然而,我们检验的模型提供了一个额外的中介变量:

GDP——一个第二层外生协变量——通过对自我表达价值观第一层协变量(教育)的影响,直接或间接地对较低层次的变量(如教育和自我表达价值观)施加影响。这是一个 2→1→1 设定。在 MLM 的设定下,GDP 对自我表达价值观的直接影响是通过 SEV 的截距来传递的,而 SEV 的截距允许各国有所不同。

图 2.7 仅提取了评估 GDP 对自我表达价值观的直接和间接影响时模型中颇为重要的部分:EDU 对 SEV 的斜率,以及这个斜率和 EDU、SEV 的截距是如何受 GDP 影响的。在这里,分析层次的分隔线现在是垂直的,中介作用以常见的三角形形式呈现。在个人层面,人均 GDP 对自我表达价值观的影响明显受到教育成就的调节作用($\gamma_{21}^{SEV} = 0.027^{***}$)。与人均 GDP 水平高的国家相比,在人均 GDP 水平低的国家,受教育程度高和低之间的这一差距较大。同时,GDP 对自我表达价值观的影响证实了我们在随机截距设定中的发现:较富裕国家的公民表现出更高水平的自我表达价值观。

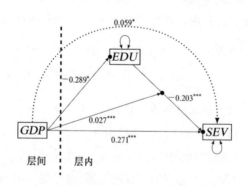

注:图中只包括直接影响和通过教育影响自我表达价值观的变量。分析层次的分割线现在是垂直的,中介作用以常见的三角形形式呈现。

**图 2.7　斜率模型中的调节中介效应**

请注意,与图 2.3 的模型不同,在图 2.5 和图 2.7 中,$GDP$ 对教育具有显著影响($\gamma_{01}^{EDU} = -0.289^*$)。这条显著的路径使得评估人均 GDP 对自我表达价值观的潜在间接影响变得有了价值。再者,与单层次 SEM 一样,$GDP$ 对 $SEV$ 间接影响的最大似然估计是两条直接路径(从 $GDP$ 到 $EDU$、从 $EDU$ 到 $SEV$)的乘积。在这种情况下,这会产生显著的积极影响:$\gamma_{01}^{EDU} \times \gamma_{20}^{SEV} = (-0.289) \times (-0.203) = 0.059^{**}$,如图2.7所示,使用虚线箭头。

## 调节作用

与中介作用不同,调节作用指的是一个变量改变了外生变量和内生变量之间关系的强度或方向(Baron & Kenny,1986,p.1174),如图 2.6(b)所示。在这个框架中,关于 $X$、$M$ 和 $Y$ 的因果顺序存在争议。克雷默等人(Kraemer et al.,2008,2002)认为,$M$ 必须在 $X$ 之前并且与 $X$ 不相关。因为这个原因,同一个变量不可能同时是中介变量和调节变量,这是因为中介变量 $M$ 必然通过因果途径与 $X$ 直接相关。然而,海斯(Hayes,2013,pp.399—402)从数学上证明了 $M$ 和 $X$ 之间的这种独立性不是必要的,因此,如果 $X$ 或 $Y$ 和 $M$ 之间的因果关系具有理论和实质意义,那么可以对其进行建模。海斯(Hayes,2013,pp.209—210)列举了大量依赖于"调节作用"提供证据的社会科学理论。例如,佩蒂和卡乔波(Petty & Cacioppo,1986)的详尽可能性模型(elaboration likelihood model)广泛依赖于包含调节作用的论据。根据信息的特征(例如,如果信息来源于专家),以及个人思考信息所涉及特定主题的动机和能力,说服力会更强。在他们看来,个人动机调节了信息特征和说服力之间的关系。绍尔特(Solt,2008)在古丁和德雷泽克(Goodin & Dryzek,1980)更新版的相对权力理论(relative power theory)中认为,收入不平等调节了收入和政治参与之间的关系:对于不平等程度较高的国家,贫富选民在政治参与方面的差异要高于其在收入不平等程度较低的国家。

在这里检验的模型以及在图 2.7 中以删截形式呈现的模型中,人均 GDP 不仅对教育和自我表达价值观有直接影响,而且调节了教育和自我表达价值观之间的关系。在 GDP(或者,在本例中,GDP 的自然对数)较高的国家,教育与自我表达价值观之间的负相关变得更弱。这个示例正是我们上面讨论过的调节关系的类型,它发生在第二层的一个调节变量和第一层的关系之间。尽管图 2.7 中没有描述,第二种中介关系如图 2.5 所示:年龄的影响(由教育介导)被 GDP 调节。[21]

本质上,随机斜率模型使我们能够检验由更高层次特征调节的直接和间接的关系。除了这种层内关系的层间调节之外,它还可以评估较高层级(层间)现象对较低层级(层内)结果变量的直接和间接影响。我们从图 2.5 中可以看出,在存在随机斜率的情况下,理解层内的直接和间接影响有点困难。我们必须在层内和层间两个层次结构上寻求信息。当目标是评估各个层次间的直接和间接影响时,情况非常相似。

在随机斜率模型中,这些关系组合变得更加复杂。第一个显而易见的问题是,在图 2.3 和图 2.5 之间,年龄对自我表达价值观直接影响的符号方向发生了变化。因为现在允许这种关系在各国之间有所不同，使其成为层间的潜变量，因此这一点在图 2.5 中乍一看可能并不明显。尽管如此，在从三角形到 $\beta_{3j}^{SEV}$ 的路径上表达的这个潜在的平均值，突出了这种关系现在是显著正向的，而不是显著负向的。这种变化的原因是多方面的。首先，基于拟合度的比较，这个模型有很大的不同，并且更好地描述了数据。对一些间接影响的建模，现在已经有所不同。更重要的是，在第二个模型中，交互作用是被明确建模的。年龄对自我表达价值观的影响，现在由 *GDP* 调节，随着 GDP 的翻番而减少。考虑到 GDP 的对数范围（在这个数据集中，对数范围在 6.99 到 11.23 之间），这种交互作用并不能完全解释这里的变化，但对美国来说，这种直接影响（我们不应忘记，它也控制了间接效应的影响）被估计为负向的。

## MSEM 中的中心化

读者可能会感到困惑，为什么我们没有在多层次模型建模领域中使用一种常见的技术来简化这种交互作用的解释：中心化（centering）。在多层次模型建模文献（Enders & Tofighi, 2007; Kreft, de Leeuw, & Aiken, 1995; Paccagnella, 2006）中广泛讨论过，中心化也适用于多层结构方程模型。为了对系数进行更有意义的解释，中心化可以采用组平均值或总平均值中心化的形式（见 Enders & Tofighi, 2007）。如果 *GDP* 是中心化处理后的总平均值，那么年龄对自我表达价值观的直接影响将根据平均 GDP 水平进行估算（因为对于拥有平均 GDP 水平的国家，*GDP* 将为 0）。另一方面，第一层变量的组平均值中心化改变了他们的解释以及他们对第一层结果变量的估计影响。之所以会出现这种情况，是因为组平均值中心化（从年龄或收入等指标的测量值中减去每个国家的平均值）会抹去变量中所有国家之间的差异。在这个过程之后，只保留了一个组中第一层单元的相对位置。虽然日本的平均年龄远高于埃及的平均年龄，但在中心化处理之后，一个国家内的个人之间的相对差异将得以保留。这可以清楚地估计一个第一层的变量对一个第一层结果变量的影响，而不关注国家之间的所有动态变化。

在 MSEM 中，由于在数据层次结构中，不同层次测量的指标之间可能存在统计关联，因而中心化变得复杂。MSEM 不仅适用标准路径模型建模的情况（1→1→1），而且还可以估计更复杂的关联路径：2→1→1，1→2→2，甚至 1→2→1。在决定是否应根据层内或层间变化来评估路径中的关系时，这种增加的灵活性是以更小心谨慎为代价的。

我们以 B.O.穆森和阿斯帕罗夫（Muthén & Asparouhov, 2008）提出的框架开始讨论。通过将多层结构方程模型划分为（1）测量模型，（2）"层内"结构模型和（3）"层间"结构模型来估计多层中介作用。[22] 为了实现结构模型的这种划分，每个第一层观测指标分为"层内"和"层间"两个潜在分量。然后使用这些指标来指定模型（2）和模型（3）：仅使用第一层指标的"层间"潜在变量来估计 2→1 部分，而仅使用同一指标的"层内"潜变量来估计连续的 1→1 路径。

在 *Mplus* 中，即使数据包含原始（中心化之前）版本的指标，这些步骤作为估计程序的一部分也会自动执行（Preacher et al.，2010，p.215）。[23]因此，读者应该确信，即使我们之前还未讨论中心化，但在我们报告的分析中，中心化也已被执行。以图 2.5 所示的模型为例，*Mplus* 已经将其分解为我们上面讨论的两个潜变量，因此仅使用教育中的"层内"变化来估计教育对自我表达价值观的"层内"影响。另一方面，人均 GDP 对教育截距的"层间"效应仅用教育的"层间"变化来估计。

其他软件不能自动执行这个划分过程，所以需要研究人员来运行它。在这种情况下，研究人员会从个体层面的观测指标中构建群体层面的潜在构型配置结构（configurational construct）[使用科兹洛夫斯基和克莱因（Kozlowski & Klein，2000）提出的术语]。在此之后，研究人员将继续在标准的 MLM 中，确保任何 1→1 路径使用"层内"潜变量进行估计，以及 2→1 或 1→2 路径（甚至在三个层次 MSEM 更复杂的模式中）使用"层间"（构型配置）潜变量进行估计。

# 第 6 节 | 总 结

　　本章重点介绍了将路径分析扩展到多层次框架时可能出现的示例。这里展示的建模灵活性在使用基本多层次模型时基本不可能实现,事实上,它超出了我们目前所展示的范围。例如,完全可以在层间结构上对关系的完整结构进行建模。对于调节第一层关系的情况,以及作为第一层关键协变量的情况,该模型使用了一个单一的第二层变量 GDP。但有可能在模型中包括多个第二层变量,而不仅仅是作为外生变量。还有可能包括其他国家层面的现象,它们不仅作为第一层结果变量的直接预测变量和第一层关系的调节变量,而且也会作为第二层现象的预测变量,从而扩大跨层次中介结构的可能性。比如说,GDP 是一个对自我表达价值观有直接影响和间接影响的第二层解释变量的中介变量。建模的可能性似乎只受研究人员的理论和可用数据的限制。

　　因为存在不同的截距和斜率,潜变量已经出现在第二层,但 SEM 在其单层次形式下的真正灵活性来自它可以包含多指标(multiple-indicator)潜变量的能力。在接下来的章节中,我们提出最基本的潜变量 SEM——一个验证性因子模型在多层次模型建模中的扩展,它是多层次框架下完整结构模型的基石。

第**3**章

# 多层因子模型

上一章重点介绍了如何通过在多个分析层次上对复杂关系进行建模,将多层次模型和路径模型结合起来,从而增强彼此的典型特征。SEM框架的第二个优点是它能够将发展更加完善的测量模型纳入路径分析。例如表面不相关回归(Seemingly Unrelated Regression)等技术已经可以处理多个观测结果变量,但在处理集群数据时却比较困难。当面对应用于相同现象的一组题目时,应用研究人员通常会采用一种专门的方式构建该组题目的平均值。在 SEM 框架下,通过对数据施加一个测量结构的验证性因子分析(CFA)的均值可以更严格地追求相同的过程。[24]它涉及将一些观测变量视为一个或多个潜在的、未观测到的变量的表现形式。本章致力于多层次测量模型,重点研究双层 CFA 模型。

对于本章中的例子,我们使用了 2015 年多米尼加共和国国际学生评估计划(PISA)的数据。PISA 是经济合作与发展组织(OECD)发起的一项针对 15 岁学生在科学、阅读和数学方面表现的跨国家调查(在最近的一次调查中,还评估了协作解决问题的能力)。除了教育表现的测试分数外,它还包括对学生、家长、教师和校长的调查。PISA 提供了教育研究中多层次模型建模的一个经典例子,学生们可以聚集在各个国家的学校中。在 PISA 中,每个国家的学校都是按相同比例规模(PPS)进行抽样,并且每个学校的学生都是随机抽样的。我们只使用来自多米尼加共和国的数据,以使例子更容易理解——删除后的层级结构涉及 186 所学校的 3 203 名学生。由于学生来自不同的学校,这是一个具有较大的第二层样本量且平均群组大小约为 17 的二层数据结构,因此适合多层次分析。

以学生上网问题为例。在我们的案例中,我们对万维网的各种教育和重建用途特别感兴趣。通常情况下,我们会利用多个调查问题来挖掘这样一个结构,然后通过因子分析技术来检验其维度和题目的有效性。然而,就像前一章中的回归模型和路径模型一样,这些因子分析方法假设观测值之间相互独立,这意味着跨学校的群组可能会妨碍我们获得无偏结果和适当模型拟合的能力。此外,我们还可以研究不同学校的学生在使用互联网方面有多大的差异,以及不同学校之间使用互联网的种类和数量是否不同。为了解决这些以及其他类似的潜在问题,我们将多层次模型推广到 CFA。

我们在例子中使用了 PISA 学生调查部分的六个指标。所有指标都涉及校外电子设备和互联网的使用频率。完整列表见表 3.1。简单起见,这些指标都是按照 1—5 的范围来测量的,从"从未或很少使用"到"每天使用"。[25]我们假设这些指标测量的是两种互联网使用情况:前三种与休闲娱乐用途有关,后三种用于学校课业。因此,初始 CFA 测量模型如图 3.1 所示。

图 3.1 中的模型,即使不考虑观测数据的群组,也能很好地拟合数据。虽然 RMSEA 有点高,为 0.068,但其他拟合指

表 3.1 问题和变量缩略词列表

| 编码 | 问 题 |
|------|-------|
| **数码设备在休闲娱乐方面的使用(FUN)** | |
| *VID* | 在校外使用数码设备浏览互联网上的有趣视频 |
| *DL*1 | 在校外使用数码设备从互联网下载音乐、电影、游戏或软件 |
| *DL*2 | 在校外使用数码设备在移动设备上下载新应用程序 |
| **数码设备在学校课业方面的使用(SCH)** | |
| *ISC* | 校外使用频率:为了学校课业浏览互联网(例如,准备论文或演讲) |
| *ILS* | 校外使用频率:为了跟进课程浏览互联网(例如,查找解释) |
| *HWC* | 校外使用频率:在电脑上做作业 |

注:所有问题的反应尺度如下:1=从不或很少,2=每月一次或两次,3=每周一次或两次,4=几乎每天,5=每天。

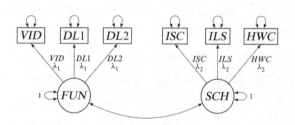

图 3.1 数码设备使用的基本 CFA 模型

数表明拟合度可以接受:CFI 为 0.987,TLI 为 0.976,SRMR 为 0.029。所有标准化系数负荷均在 0.65 以上。潜变量之间的相关性是中等的,为 0.645——这一数值还不够高,因此无法说明事实上我们只有一个潜在维度。

这个例子表明,鉴于数据集的层次性,从单层到多层 CFA 的转变必须从实质上加以证明,而不是基于模型拟合。忽略学生在学校的集群违反了观测值相互独立的假设,但这并不妨碍模型显示出良好的拟合。除了要考虑被违反的假设外,我们还可能要考虑不同学校的测量变量之间在理论上的不同关系,从而证明采用多层次模型是合理的。例如,虽然讨论数码设备在学生中的不同用途可能是有意义的,但在不同的学校,这种差异可能消失了:在一些学校,学生出于各种目的较为平均地更多地使用互联网,而在另一些学校,他们使用得更少。这种假设可以用多层因子模型进行检验,我们会在本章后面的内容中加以展示。

# 第 1 节 ┃ 多组 CFA

在 CFA 和更为普遍的 SEM 中处理集群的第一种方法是多组分析。例如,如果研究人员怀疑一些模型参数可能在男性和女性参与者之间表现不同,他/她可以使用多组模型,并允许这些参数在组之间变化。[26]类似地,如果研究者有来自不同国家的调查对象,则这些指标与彼此之间的关系有可能因国家而异。

在具有多指标潜变量的测量模型中,不同群组之间以相同方式测量同一结构的指标属性称为测量不变性(measurement invariance)。当来自两个不同人群的两个个体有相同的潜在结构水平,在观测指标上的得分相同(例如,对调查题目给出相同的答案)时,那么测量工具就是不变的。如果这两个个体因其群体成员的不同而在观测指标上有不同的得分,那么就是非不变的(noninvariant)。

文献确定了四个层次(非)不变的 CFA 模型(Meredith,1993):构形形态(configural)是限制性最小的,其中所有的参数估计都可以在不同的组中变化;度量不变性(metric invariance)模型约束因子负荷在组间相等;标量不变性(scalar invariance)要求组间因子负荷和指标截距相同;严格不变性(strict invariance)对因子负荷、指标截距和指标误差项施加组间相等约束。如果测量工具未通过标量不变性检验，直接比较群组因子均值就是不可能的，因为我们不能排除这是由于给定题目在组间的不同作用造成的。然而，对于回归的目的而言，达到跨组的度量不变性就足够了。

多组 CFA（Multiple-group CFA，MGCFA）可以给出测量不变性的答案，也可以对测量模型进行假设检验。例如，假设有些学校使用最多的数码设备是智能手机。对课堂内容感兴趣的学生仍然可能使用智能手机预习或跟进课程，但他们不太可能使用智能手机做家庭作业。因此，在这些群体中，HWC 很可能是在学校课业中使用数码设备频率的不良指标。MGCFA 是检验这一假设的方法之一。

虽然 MGCFA 是开始考虑带有层次数据 CFA 的一个好起点，但多层 CFA 在几个方面扩展了建模和分析的可能性。第一，从概念上讲，它不仅包含了不同群体的测量差异，而且还允许在两个（或更多）层次上检验不同的测量结构，例如，检验在不同的学校间以及在不同的学生中是否存在相同的使用（休闲娱乐与课业）结构。第二，可以添加第二层协变量来解释第二层结构的方差，并将模型扩展为完整的结构回归（如第 4 章所示）。第三，通过允许因子负荷在不同的群组（cluster）中变化，可以在多个组中进行测量不变性检验，对于数量大的群组，这比传统的 MGCFA 不变性检验更实用。这将在本章最后一部分讨论。

# 第 2 节 │ **双层 CFA**

多层 CFA 遵循多层次路径模型的估计,将每个变量的方差分解为层内和层间,它们是相加的和不相关的方差分量(B. O. Muthén, 1989, 1994)。这意味着观测变量 Y 的总方差是其层内和层间方差之和, 即 $Var(Y) = Var(Y)_B + Var(Y)_W$。这与多层次模型建模中随机截距基线模型(random intercept baseline models)遇到的方差划分类型相同。要为层内部分定义单个方差分量,必须假设每个组中变量之间的关系是相同的。换言之,$g_1$ 组的协方差矩阵与 $g_2$,$g_3$,…,$g_J$ 组的协方差矩阵相同(Goldstein & McDonald, 1988; McDonald & Goldstein, 1989)。这标志着与 MGCFA 进行比较时的第一个区别;后者侧重于检验变量之间的关系是否在一个或几个特定组到其他组之间变化。也就是说,无随机负荷的双层 CFA 假设了测量不变性。

通过定义双层 CFA 的方程组,可以清楚地看出这种划分。在这里,我们扩展了第 1 节中的例子,其中第一层(学生)因子结构在第二层(学校)中重新生成。我们从方程3.1中模型的层内部分开始:

$$
\begin{cases}
VID_{ij} = \overset{VID}{\lambda}_{0j} + \overset{VID}{\lambda}_1 FUNW_{ij} + \overset{VID}{\varepsilon}_{ij} \\
DL1_{ij} = \overset{DL1}{\lambda}_{0j} + \overset{DL1}{\lambda}_1 FUNW_{ij} + \overset{DL1}{\varepsilon}_{ij} \\
DL2_{ij} = \overset{DL2}{\lambda}_{0j} + \overset{DL2}{\lambda}_1 FUNW_{ij} + \overset{DL2}{\varepsilon}_{ij} \\
ISC_{ij} = \overset{ISC}{\lambda}_{0j} + \overset{ISC}{\lambda}_2 SCHW_{ij} + \overset{ISC}{\varepsilon}_{ij} \\
ILS_{ij} = \overset{ILS}{\lambda}_{0j} + \overset{ILS}{\lambda}_2 SCHW_{ij} + \overset{ILS}{\varepsilon}_{ij} \\
HWC_{ij} = \overset{HWC}{\lambda}_{0j} + \overset{HWC}{\lambda}_2 SCHW_{ij} + \overset{HWC}{\varepsilon}_{ij}
\end{cases} \quad [3.1]
$$

以观测变量的组截距（$\lambda_{0j}$）为指标的层间部分如方程 3.2 所示。两者可以合并成一个集合，如方程 3.3 所示。将每个观测指标的方差分解为五个元素。首先是组间的总截距（$\mu_{00}$），或总平均值（grand mean）。其次是层内方差，分为潜变量（$\lambda_1 FUNW_{ij}$ 或 $\lambda_2 SCHW_{ij}$）和残差，即未解释的层内方差（$\varepsilon_{ij}$）。层间方差由层间因子（$\mu_{01} FUNB_j$ 或 $\mu_{02} SCHB_j$）和残差，即未解释的层间方差（$\upsilon_{0j}$）表示。

$$
\begin{cases}
\overset{VID}{\lambda}_{0j} = \overset{VID}{\mu}_{00} + \overset{VID}{\mu}_{01} FUNB_j + \overset{VID}{\upsilon}_{0j} \\
\overset{DL1}{\lambda}_{0j} = \overset{DL1}{\mu}_{00} + \overset{DL1}{\mu}_{01} FUNB_j + \overset{DL1}{\upsilon}_{0j} \\
\overset{DL2}{\lambda}_{0j} = \overset{DL2}{\mu}_{00} + \overset{DL2}{\mu}_{01} FUNB_j + \overset{DL2}{\upsilon}_{0j} \\
\overset{ISC}{\lambda}_{0j} = \overset{ISC}{\mu}_{00} + \overset{ISC}{\mu}_{02} SCHB_j + \overset{ISC}{\upsilon}_{0j} \\
\overset{ILS}{\lambda}_{0j} = \overset{ILS}{\mu}_{00} + \overset{ILS}{\mu}_{02} SCHB_j + \overset{ILS}{\upsilon}_{0j} \\
\overset{HWC}{\lambda}_{0j} = \overset{HWC}{\mu}_{00} + \overset{HWC}{\mu}_{02} SCHB_j + \overset{HWC}{\upsilon}_{0j}
\end{cases} \quad [3.2]
$$

$$
\begin{cases}
VID_{ij} = \overset{VID}{\mu_{00}} + \overset{VID}{\lambda_1}FUNW_{ij} + \overset{VID}{\mu_{01}}FUNB_j + \overset{VID}{\upsilon_{0j}} + \overset{VID}{\varepsilon_{ij}} \\
DL1_{ij} = \overset{VID}{\mu_{00}} + \overset{DL1}{\lambda_1}FUNW_{ij} + \overset{VID}{\mu_{01}}FUNB_j + \overset{VID}{\upsilon_{0j}} + \overset{DL1}{\varepsilon_{ij}} \\
DL2_{ij} = \overset{DL2}{\mu_{00}} + \overset{DL2}{\lambda_1}FUNW_{ij} + \overset{DL2}{\mu_{01}}FUNB_j + \overset{DL2}{\upsilon_{0j}} + \overset{DL2}{\varepsilon_{ij}} \\
ISC_{ij} = \overset{ISC}{\mu_{00}} + \overset{ISC}{\lambda_2}SCHW_{ij} + \overset{DL2}{\mu_{01}}FUNB_j + \overset{DL2}{\upsilon_{0j}} + \overset{ISC}{\varepsilon_{ij}} \\
ILS_{ij} = \overset{ILS}{\mu_{00}} + \overset{ILS}{\lambda_2}SCHW_{ij} + \overset{ILS}{\mu_{02}}SCHB_j + \overset{ILS}{\upsilon_{0j}} + \overset{ILS}{\varepsilon_{ij}} \\
HWC_{ij} = \overset{HWC}{\mu_{00}} + \overset{HWC}{\lambda_2}SCHW_{ij} + \overset{HWC}{\mu_{02}}SCHB_j + \overset{HWC}{\upsilon_{0j}} + \overset{HWC}{\varepsilon_{ij}}
\end{cases}
$$

$$[3.3]$$

## 估计

按照多层次模型建模的一般实践,分析涉及层次数据的第一步是检查每个指标的类别内相关系数(intraclass correlation coefficients, ICC):$VID$、$DL1$、$DL2$、$ISC$、$ILS$ 和 $HWC$。[27] 在本章使用的 PISA 数据中,指标的 ICC 估计值在 $0.046(DL2)$ 到 $0.149(VID)$ 之间,其他指标在 0.10 左右。

从这一点开始,可以采用两种方法。霍克斯(Hox, 2010, pp.300—301)建议遵循多层次模型建模的标准做法:从零模型(null model,在模型的任何一个层次上都没有结果变量的实质性协变量)开始。第二,拟合一个独立模型(independence model),估计每个指标的第二层方差,但不估计第二层的协方差。第三,通过对估计的第二层方差或协方差不加限制,在层间部分添加协方差分量。这种逐步建模的方法可以进一步检验是否存在需要解释的组间方差(除 ICC 之外),以及这一方差是否是结构性的,而不仅仅是随机抽样变化的结果。

我们建议一种更加以理论为导向的、更接近 SEM 传统的方法:一旦层间方差的存在被确定,通过 ICC,研究人员就可以拟合模型,重新生成他/她对数据的理论预期。因此,在第一个双层 CFA 中,我们在两个层次上都检验相同的因子结构,正如方程 3.3 所展示的:潜在结构"用于休闲娱乐的数码设备使用"由三个指标测量,而"用于学校课业"则由另外三个指标测量。这种结构在层内(学生)和层间(学校)都是相同的。图 3.2 以图形形式描述了此模型。模型的第二层部分将每个学校题目的估计截距作为指标。[28]这由图 3.2 中层内部分带箭头的实心圆点和代表潜变量的圆圈表示。第二层指标是在第一层估计的参数。在这个描述中,我们允许所有的因子负荷被估计,并将因子方差固定为 1。也可以使用另一种识别方法:将潜变量的其中一个负荷固定为 1,并允许因子方差被估计。

## 识别

为了计算多层 SEM 中可以包含的自由参数的数目,我们稍微修改了第 1 章中描述的公式 $p(p+1)/2$,其中 $p$ 是观测变量数。因为现在我们有两个协方差矩阵(层内和层间),矩阵的元的数量变为两倍,因此公式乘以 2(或者,更确切地说,不是除以 2)。此外,我们还增加了观测变量均值的数量,即指标的截距。简言之,全局模型(global model)的最大自由参数数量由 $p(p+1)+k$ 给出,其中,$k$ 是指标的截距数(Heck & Thomas,2015,p.165)。

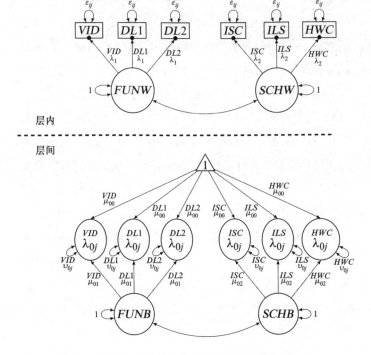

**图 3.2　数码设备使用的双层 CFA 模型**

对于图 3.2 中的模型,有六个观测变量$(p)$,每个变量都有一个估计指标$(k)$。将其代入识别公式,我们发现在全局模型中有 $6 \times (6+1) + 6 = 48$ 个自由参数可以被估计。在层内部分估计的参数数量是六个残差、六个因子负荷和一个因子协方差。因子方差固定为 1,以设定潜变量的度量标准。这里总共有 19 个估计值。对于层间部分,我们有六个截距[29]、六个残差、六个因子负荷和一个因子协方差,总计 13 个。因此,全局模型总共估计了 32 个参数。由于被允许的最大值为 48,我们前面描述的模型被过度识别了,因而可以估计。

## 结果

图 3.2 中的模型结果如图 3.3 所示。我们发现了一个比先前提出的单层次 CFA 拟合效果更好的模型:尽管 $\chi^2$ 检验在 $p < 0.001$ 时仍然显著,但 RMSEA 现在为 0.046,低于 0.05。CFI 和 TLI 保持不变,分别为 0.985 和 0.973,这两个值仍然表示拟合良好。SRMR 显示在两个层次都拟合很好:层内为 0.03,层间为 0.028。两个层次上的因子负荷都很高,表明这是一个可靠的测量工具。[30]然而,两个学校层次的因子之间的相关系数为 0.939(图中的 0.269 是它们的协方差)。如此高的相关性表明,在学校层面,所有六个指标可能都在衡量一个单一的结构。

## 部分饱和拟合检验

全局拟合指数表明,图 3.3 中的模型具有良好的拟合度。然而,通过评估整个模型的拟合度,可以掩盖某个层次的拟合不良。吕和韦斯特(Ryu & West,2009)提出了一种解决这个问题的方法:部分饱和模型拟合评估。这在第 1 章中有所提及。它通过两种方式重新拟合模型来运行:首先使用假设的第一层模型和饱和的第二层模型($PS_W$)——这意味着在第二层,所有变量都可以自由相关,而不施加任何模型。其次,拟合假设的第二层模型,让第一层的所有变量自由相关,也不施加任何模型($PS_B$)。饱和模型对数据有很好的拟合。因此,对于第二层饱和的 $PS_W$ 模型,通过 $\chi^2$ 检验(及其衍生,如 CFI 和 RMSEA)得到的拟合不足都可以归因于层内部分。相反,在 $PS_B$ 模型中,第一层是饱和的,任何拟合不足都可以归因于层间部分。

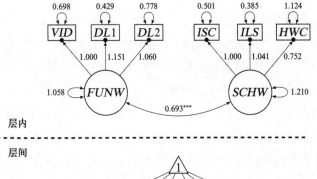

层内

- - - - - - - - - - - - - - - - - - - - - - - - - - - - - -

层间

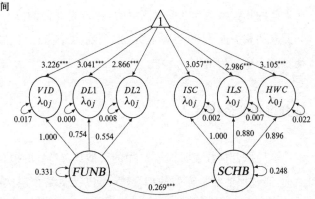

图 3.3　数码设备使用的双层 CFA 模型

当运行图 3.3 的 $PS_W$ 模型时,我们发现 $\chi^2 = 109.589$, $df=8$,$p<0.001$,RMSEA 为 0.063,CFI 为 0.986,TLI 为 0.949,以及 SRMR 为 0.030。与图 3.3 的全局拟合相比,这些数字较为接近,有的则较差,这表明该模型中的大部分拟合不足来自层内部分。然而,运行部分饱和模型来检验层间拟

合会得到一个有趣的结果。尽管模型拟合良好，但由于多重共线性，我们遇到了一个估计问题：有一个估计残差方差为负（DL1）。这一问题，以及两个第二层因子之间 0.939 的相关性，进一步表明了层间部分的因子结构可能被错误设定。从因子相关性来看，因子结构可能是由所有指标构成的单一维度。

## 单一维度的第二层因子结构

图 3.4 显示了具有单一维度的第二层因子结构的模型结果。它们显示了与图 3.3 几乎相同的全局拟合：显著的 $\chi^2$ 检验，RMSEA 为 0.047，几乎相同的 CFI（0.984）和 TLI（0.971，对比之前的 0.973）。主要区别在于，SRMR 显示层间部分的拟合度稍差，为 0.055（之前为 0.028），而层内部分的 SRMR 值仍接近 0.032。学校层面的所有因子负荷都很高，表明它们在单一维度上存在共变。然而，使用部分饱和法可以发现，第二层的多重共线性问题消失了：估计不存在问题，且第二层的具体拟合指数为 $\chi^2 = 42.209$，$df = 9$，$p < 0.001$，RMSEA$= 0.034$，CFI$= 0.996$，TLI$= 0.985$，SRMR（层间部分）$= 0.055$。

这里采用的逐步分析方法说明，第一，决定运行双层 CFA 而不是一层 CFA 必须基于理论和数据结构，而不仅仅是模型拟合。一层 CFA 模型对数据拟合良好。第二，虽然双层 CFA 可能显示出良好的全局拟合，但重要的是要分别检验每个层次的拟合效果，以检查全局检验统计数据是否掩盖了特定层次的拟合不足。在这种情况下，由吕和韦斯特

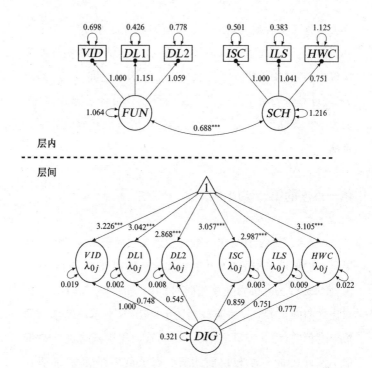

**图 3.4　使用单一维度第二层模型之数码设备使用的双层 CFA 模型**

（Ryu & West，2009）提出的检验表明，第二层最好设定为单因子模型，而不是重复第一层的双因子模型。

　　从概念上讲，我们可以用以下方式来解释这些发现：虽然对于学生来说，区分用于休闲娱乐或学校课业的设备是有意义的，但在不同的学校，出于任何目的使用设备的平均频率更有可能成为反映设备用途没有区分的指标（最有可能是财富）。与来自贫困家庭或更偏僻农村地区的学生所在的学校相比，有更多机会使用数码设备的富裕家庭的学生所在的学校，设备所有用途的平均使用频率更高。因此，即使个人层面的因子结构表明了两种独立的结构，但在学校层面上，数码设备的使用是一维的。为了检验这一假设，下一步将是增加家庭收入的测量，并检查这是否有助于解释不同学校使用设备的差异。这将使我们更接近一个完整的多层结构模型，在第 4 章中将用另一个数据集对其进行演示。

这个例子强调了层间部分的因子结构不必与层内部分的因子结构相同。它们解释了两个独立的方差分量，而在第一层具有概念和理论意义的模型在第二层可能不是如此。尽管在这种情况下，我们仍通过观察层间因子相关性得出了更为精简的模型，但这不应妨碍任何人从理论上思考，并在两个分析层次上发展具有不同因子结构的模型。

# 第 3 节 ┃ 随机潜变量截距

如前所述,测量不变性中最常见的主题是,一组题目中的一组测量是否跨组使用相同的潜在结构。然而,在多层 CFA 中,另一种不变性发挥了作用:跨层不变性(cross-level invariance)。它指的是一种可能在不同组间以不同方式运行,但实际上在两个(或多个)分析层次间功能相同的测量工具。换言之,给定指标的因子负荷在模型的层内、层间部分都是相同的。就像比较均值和回归系数需要跨组不变性一样,如果我们想比较不同分析层次的回归系数,则需要跨层不变性(Marsh et al., 2009)。例如,如果我们想知道在个人层面上,使用数码设备进行休闲娱乐和完成学校课业之间的相关性是否比在学校层面上更强,我们就需要一个具有跨层不变性的模型。只有这样,在两个分析层次中,潜变量才有相同的度量,才可以直接比较。

通过施加一个不变的测量模型,我们也得到了第一层潜变量是否在不同组间有差异的指示。例如,在上一节中,我们在学生层面发现了两个关于使用电话及电脑有意义的结构,但在学校层面只有一个结构。然而,我们还没有检验不同学校的学生对娱乐设备的使用是否存在有意义的差异。比如说,我们只想检验一些学校的学生是否比其他学校的学生更多地使用设备来娱乐。这只能通过估计各学校平均娱乐用途（即因子均值）的方差来实现，它实际上是一个潜变量的截距（均值）具有组间方差的随机截距模型。

在目前提出的模型中，层内因子没有跨群组（cross-cluster）方差分量。这是因为，当我们允许两个层次上的因子具有不同的尺度时，差异会在题目参数的层次上累积。我们在学校层面观测到的差异是针对在该层面上用学校层面指标（每个观测指标的群组均值）估计的因子。它们是学校特征，而不是学生特征的跨群体差异。

为了将层内因子的差异分为层内和层间部分，我们需要确保在允许这种变化出现之前，不会通过各层级之间的题目层次差异消除这种变化。最明显的方法是通过对两个层次的估计因子负荷施加相等的约束，确保两个层次上的潜变量具有共同的尺度。更具体地说，我们需要建立一个在两个分析层次之间，因子结构相同并且每个指标在各自潜变量上的因子负荷也相等的模型。用这一相等约束识别此模型，将允许我们从潜在层次的跨组方差中分离出题目层次的跨组方差。值得注意的是，我们仍然估计每个层内和层间潜变量的不同方差，并且对于第一层和第二层，两个因子之间的协方差不需要相同。

例如，与图 3.2 和图 3.3 不同，$DL1$ 对潜变量 $FUNW$ 的负荷被固定为与 $DL1$ 对潜变量 $FUNB$ 的负荷 $\lambda_{0j}^{DL1}$ 相同。或者更正式地说，施加了以下相等约束：

$$\begin{cases} \lambda_1^{VID}=\mu_{01}^{VID} \\[4pt] \lambda_1^{DL1}=\mu_{01}^{DL1} \\[4pt] \lambda_1^{DL2}=\mu_{01}^{DL2} \\[4pt] \lambda_2^{ISC}=\mu_{02}^{ISC} \\[4pt] \lambda_2^{ILS}=\mu_{02}^{ILS} \\[4pt] \lambda_2^{HWC}=\mu_{02}^{HWC} \end{cases} \qquad [3.4]$$

这样一来,两个层次的潜变量的尺度变得相同,并且可以直接比较和叠加它们的方差(Mehta & Neale, 2005)。求和产生了一个个人层面的潜变量,其方差可被分解为群组内和群组间方差:$Var(FUN)_{ij}=Var(FUNW)_{ij}+Var(FUNB)_j$。由于 $\lambda_1=\mu_{01}$,我们遵循梅塔和尼尔(Mehta & Neale, 2005, p.273)的简化方程 3.3,得到方程 3.5 中的设定:

$$\begin{cases} VID_{ij}=\mu_{00}^{VID}+\mu_{01}^{VID}(FUNW_{ij}+FUNB_j)+\upsilon_{0j}^{VID}+\varepsilon_{ij}^{VID} \\[4pt] DL1_{ij}=\mu_{00}^{DL1}+\mu_{01}^{DL1}(FUNW_{ij}+FUNB_j)+\upsilon_{0j}^{DL1}+\varepsilon_{ij}^{DL1} \\[4pt] DL2_{ij}=\mu_{00}^{DL2}+\mu_{01}^{DL2}(FUNW_{ij}+FUNB_j)+\upsilon_{0j}^{DL2}+\varepsilon_{ij}^{DL2} \\[4pt] ISC_{ij}=\mu_{00}^{ISC}+\mu_{02}^{ISC}(SCHW_{ij}+SCHB_j)+\upsilon_{0j}^{ISC}+\varepsilon_{ij}^{ISC} \\[4pt] ILS_{ij}=\mu_{00}^{ILS}+\mu_{02}^{ILS}(SCHW_{ij}+SCHB_j)+\upsilon_{0j}^{ILS}+\varepsilon_{ij}^{ILS} \\[4pt] HWC_{ij}=\mu_{00}^{HWC}+\mu_{02}^{HWC}(SCHW_{ij}+SCHB_j)+\upsilon_{0j}^{HWC}+\varepsilon_{ij}^{HWC} \end{cases}$$

$$[3.5]$$

反过来,这可以进一步简化,得出方程 3.6 中的设定:

$$\begin{cases} VID_{ij} = \overset{VID}{\mu_{00}} + \overset{VID}{\mu_{01}} FUN_{ij} + \overset{VID}{\upsilon_{0j}} + \overset{VID}{\varepsilon_{ij}} \\ DL1_{ij} = \overset{DL1}{\mu_{00}} + \overset{DL1}{\mu_{01}} FUN_{ij} + \overset{DL1}{\upsilon_{0j}} + \overset{DL1}{\varepsilon_{ij}} \\ DL2_{ij} = \overset{DL2}{\mu_{00}} + \overset{DL2}{\mu_{01}} FUN_{ij} + \overset{DL2}{\upsilon_{0j}} + \overset{DL2}{\varepsilon_{ij}} \\ ISC_{ij} = \overset{ISC}{\mu_{00}} + \overset{ISC}{\mu_{02}} SCH_{ij} + \overset{ISC}{\upsilon_{0j}} + \overset{ISC}{\varepsilon_{ij}} \\ ILS_{ij} = \overset{ILS}{\mu_{00}} + \overset{ILS}{\mu_{02}} SCH_{ij} + \overset{ILS}{\upsilon_{0j}} + \overset{ILS}{\varepsilon_{ij}} \\ HWC_{ij} = \overset{HWC}{\mu_{00}} + \overset{HWC}{\mu_{02}} SCH_{ij} + \overset{HWC}{\upsilon_{0j}} + \overset{HWC}{\varepsilon_{ij}} \end{cases} \quad [3.6]$$

现在我们区分每个潜变量的方差内和方差间的分量，就相当于得到因子的随机截距。由于方差具有直接可比性，因此群组间方差与潜变量总方差的比例可用作因子的类内相关值。此外，由于我们对比较潜变量的方差感兴趣，因此必须通过将每个潜变量的一个因子负荷固定为 1 来设定它们的度量。反之，如果我们将潜变量的方差固定为 1，并让所有负荷自由估计，则失去了尺度的可比性（并且这种不正确的 ICC 计算结果将始终为 0.5）。指标仍有群组间方差（$\upsilon_{0j}$），这是它们在第二层的残差方差（Mehta & Neale，2005）。

我们为什么要这么做？第一，我们得到了一个更为精简的模型。利用模型拟合信息，我们可以将这一更精简的模型与允许自由估计所有负荷的模型进行比较，并检验两者之间是否存在显著差异（Heck & Thomas，2015）。第二，从理论的角度来看，潜在层次上的群组间（学校）方差（在题目层次上则更少）可能是在更加复杂的模型中需要进行假设的重要变量。因为第一层的因子结构是二维的，而第二层是一维的，因此第一层的因子结构没有在第二层重新生成，于是我们没有用多米尼加共和国的 PISA 调查数据来展示这种模型的例子。然而，由于我们将在下一章中使用，因此理解这种测量模型如何运行是很重要的，我们到时会把结构模型中带有随机截距的潜变量作为结果变量。

# 第 4 节 ｜ **具有随机负荷的多层 CFA**

到目前为止,我们假设测量工具在组间不变,从而遵循了双层 CFA 的标准实践。然而,我们可能有理论上的理由怀疑某些学校的学生在回答某些问题时,可能会系统性地不同于其他学校的学生。在智能手机比电脑更普及的学校,学生可能会使用他们的数码设备浏览互联网来预习学校课业或跟进课程($ISC$ 和 $ILS$),但他们很少使用电脑做作业。因此,在这些地区,最后一个变量($HWC$)对于课业使用的潜在结构($SCH$)是一个不良指标。

一个已经提到的解决方案是多组 CFA。然而,对于 186 所学校的检验、估计和结果解释,这将是一个非常繁琐的模型。从 MLM 的观点来看,一个解决方案就是允许因子负荷也有组间方差,就像随机斜率回归或路径模型一样。

从数学上讲,没有什么可以阻止人们去描述这样一个模型。如果我们从本章前面的方程 3.1 开始,那么现在 $\lambda_1$ 和 $\lambda_2$ 就变成了 $\lambda_{1j}$ 和 $\lambda_{2j}$,被分解成平均效应和方差分量,分别用 $\mu_{11}$、$\mu_{12}$ 和 $\upsilon_{1j}$ 表示。方程 3.7 对此进行了描述。

$$\begin{cases} \lambda_{1j}^{VID} = \mu_{11}^{VID} + \upsilon_{1j}^{VID} \\ \lambda_{1j}^{DL1} = \mu_{11}^{DL1} + \upsilon_{1j}^{DL1} \\ \lambda_{1j}^{DL2} = \mu_{11}^{DL2} + \upsilon_{1j}^{DL2} \\ \lambda_{2j}^{ISC} = \mu_{12}^{ISC} + \upsilon_{1j}^{ISC} \\ \lambda_{2j}^{ILS} = \mu_{12}^{ILS} + \upsilon_{1j}^{ILS} \\ \lambda_{2j}^{HWC} = \mu_{12}^{HWC} + \upsilon_{1j}^{HWC} \end{cases} \quad [3.7]$$

再将其重新插入方程 3.3 中，转化为方程 3.8 中给出的设定。由于缺乏处理能力，直到最近，随机负荷模型都还没有得到更多的应用。传统的用于 CFA 和双层 CFA 的最大似然估计需要对这些模型进行数值积分，这可能对计算要求过高。阿斯帕罗夫和穆森（Asparouhov & Muthén，2015）提出了一种贝叶斯估计量，使该过程变得可行。

深入探讨贝叶斯估计如何解决计算问题的技术细节超出了本书的介绍范围——阿斯帕罗夫和穆森（Asparouhov & Muthén，2015）对这些内容进行了描述。[31] 相反，我们接着穆森和阿斯帕罗夫（Muthén & Asparouhov，2018）的分析，此处要强调随机负荷模型如何使用，以及关于其运行和解释的一些问题。

$$\begin{cases} VID_{ij} = \mu_{00}^{VID} + \mu_{11}^{VID} FUNW_{ij} + \mu_{01}^{VID} FUNB_j + \upsilon_{1j}^{VID} FUNW_{ij} + \upsilon_{0j}^{VID} + \varepsilon_{ij}^{VID} \\ DL1_{ij} = \mu_{00}^{DL1} + \mu_{11}^{DL1} FUNW_{ij} + \mu_{01}^{DL1} FUNB_j + \upsilon_{1j}^{DL1} FUNW_{ij} + \upsilon_{0j}^{DL1} + \varepsilon_{ij}^{DL1} \\ DL2_{ij} = \mu_{00}^{DL2} + \mu_{11}^{DL2} FUNW_{ij} + \mu_{01}^{DL2} FUNB_j + \upsilon_{1j}^{DL2} FUNW_{ij} + \upsilon_{0j}^{DL2} + \varepsilon_{ij}^{DL2} \\ ISC_{ij} = \mu_{00}^{ISC} + \mu_{12}^{ISC} SCHW_{ij} + \mu_{02}^{ISC} SCHB_j + \upsilon_{1j}^{ISC} SCHW_{ij} + \upsilon_{0j}^{ISC} + \varepsilon_{ij}^{ISC} \\ ILS_{ij} = \mu_{00}^{ILS} + \mu_{12}^{ILS} SCHW_{ij} + \mu_{02}^{ILS} SCHB_j + \upsilon_{1j}^{ILS} SCHW_{ij} + \upsilon_{0j}^{ILS} + \varepsilon_{ij}^{ILS} \\ HWC_{ij} = \mu_{00}^{HWC} + \mu_{12}^{HWC} SCHW_{ij} + \mu_{02}^{HWC} SCHB_j + \upsilon_{1j}^{HWC} SCHW_{ij} + \upsilon_{0j}^{HWC} + \varepsilon_{ij}^{HWC} \end{cases}$$

$$[3.8]$$

## 测量不变性

具有随机截距的标准双层 CFA 在传统意义上假设测量的不变性。更正式地说,这意味着我们必须假设所有组的群组内协方差矩阵是相同的。这相当于施加一个使所有组的因子负荷都必须相同的相等约束。通过允许负荷具有组间方差分量,我们放宽了不变性假设。这相当于一个测量不变性的检验:如果我们观测到因子负荷的组间方差显著,这意味着测量模型在群组间是非不变性的。因此,随机负荷模型是测量不变性检验的一种快速实现方法,对于具有许多组的情况非常有效。

MGCFA 不变性检验采用模型差异的 $\chi^2$ 检验,是一个非常保守的检验。即使在组间存在最小差异的情况下,通过更大样本量获得的额外精准度,非不变性也会很快变得显著。随机负荷模型对样本量的敏感度较低,因此比 MGCFA 更能容忍组间的小差异。从概念上讲,这种方法不太关注每对小组之间的累积差异,而更多地关注小组间的总体偏差。此外,无论第二层样本有多大,它的运行方式都是相同的,并且不需要为每个组建立单独的模型。

如果一个测量模型未能通过组间的不变性检验,则在相等约束下或假设组间负荷相等的情况下获得的参数估计(如均值、方差和回归系数)可能有偏差并且不可信。增加随机负荷包含了这个方差分量,因此可以建模并得到更无偏的参数估计,而不必求助于不变性假设。

随机负荷模型的另一个优点是可以解释因子负荷的组

间方差。类似于在第 2 章和第 4 章中介绍的随机斜率模型，我们可以添加第二层协变量来解释组间负荷的方差。这扩展了建模的可能性，可以涵盖使用集群数据更复杂的测量和结构关系。例如，我们可以假设，不平等程度较高的国家的个人对再分配政策的某一调查问题的理解与不平等程度较低国家的个人有所不同。随机负荷模型允许研究人员添加一个不平等的度量（例如收入不平等的基尼系数）作为任一指标的组间因子负荷方差的协变量。由于在第 4 章中已经讨论了如何添加协变量，接下来的部分将介绍如何运行一个带有随机因子负荷的测量模型。

## 示例

为了展示这种建模策略的应用，我们在图 3.4 的模型中加入了随机负荷。该模型在层内部分有两个因子，每个因子有三个指标，层间部分的一个因子有六个指标。我们将随机效应添加到层内因子负荷中。方程 3.9 定义了新模型。

$$
\left\{
\begin{array}{l}
VID_{ij} = \mu_{00}^{VID} + \mu_{11}^{VID} FUN_{ij} + \mu_{01}^{VID} DIG_j + \upsilon_{1j}^{VID} FUN_{ij} + \upsilon_{0j}^{VID} + \varepsilon_{ij}^{VID} \\
DL1_{ij} = \mu_{00}^{DL1} + \mu_{11}^{DL1} FUN_{ij} + \mu_{01}^{DL1} DIG_j + \upsilon_{1j}^{DL1} FUN_{ij} + \upsilon_{0j}^{DL1} + \varepsilon_{ij}^{DL1} \\
DL2_{ij} = \mu_{00}^{DL2} + \mu_{11}^{DL2} FUN_{ij} + \mu_{01}^{DL2} DIG_j + \upsilon_{1j}^{DL2} FUN_{ij} + \upsilon_{0j}^{DL2} + \varepsilon_{ij}^{DL2} \\
ISC_{ij} = \mu_{00}^{ISC} + \mu_{12}^{ISC} SCH_{ij} + \mu_{01}^{ISC} DIG_j + \upsilon_{1j}^{ISC} SCH_{ij} + \upsilon_{0j}^{ISC} + \varepsilon_{ij}^{ISC} \\
ILS_{ij} = \mu_{00}^{ILS} + \mu_{12}^{ILS} SCH_{ij} + \mu_{01}^{ILS} DIG_j + \upsilon_{1j}^{ILS} SCH_{ij} + \upsilon_{0j}^{ILS} + \varepsilon_{ij}^{ILS} \\
HWC_{ij} = \mu_{00}^{HWC} + \mu_{12}^{HWC} SCH_{ij} + \mu_{01}^{HWC} DIG_j + \upsilon_{1j}^{HWC} SCH_{ij} + \upsilon_{0j}^{HWC} + \varepsilon_{ij}^{HWC}
\end{array}
\right.
$$

$$[3.9]$$

非标准化结果如图 3.5 所示——仅使用随机截距，不可能通过随机斜率或负荷模型获得标准化结果。我们可以看到，在学生层面上估计的唯一参数是指标残差方差（$\varepsilon_{ij}$）和因子协方差。指标的截距和因子负荷在不同的学校间自由变化，用箭头中间和尖端的实心圆点表示。

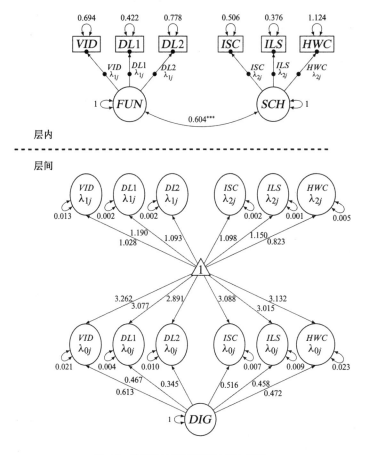

图 3.5　数码设备使用的双层 CFA 模型：
具有单一维度的第二层模型和随机因子负荷

在层间部分,从截距到 $\lambda_{0j}$ 估计值的箭头是每个指标的总体均值。例如,整个样本($\overset{VID}{\mu_{00}}$)中使用设备观看视频($VID$)的总平均值是 3.262。从每个 $\lambda_{0j}$ 到其自身的小曲线箭头下方的估计值是每个指标截距的跨组方差($\upsilon_{0j}$)。从截距到 $\lambda_{1j}$ 和 $\lambda_{2j}$ 参数的箭头是层内部分($\mu_{11}$ 和 $\mu_{12}$)的总平均因子负荷,而残差小曲线箭头旁边的估计值是组间负荷的方差($\upsilon_{1j}$)。最后,如前所述,从 $DIG$ 到每个 $\lambda_{0j}$ 的箭头是层间因子负荷,或 $\mu_{01}$。

我们将重点放在因子负荷的层间方差上。估计值看起来相当小,最大值是作为 $\overset{VID}{\lambda_{1j}}$ 的 0.013。即使这些是非标准化估计,当与该指标的组间平均因子负荷 1.030 相比较时,我们可以将其解释为:负荷的群组间方差很小。为了进一步说明这一点,我们查阅表 3.2,其中不仅包含每个负荷的平均估计值,而且还包含 95% 贝叶斯置信区间的上下边界。[32] 它表明了在组间因子负荷上存在多大程度的不变性,即上下边界之间的距离越小,负荷越具有不变性。所有指标的范围似乎都很小。对于至少 2.5% 的学校来说,没有一个指标比平均值表现得好多个小数点或差多个小数点。

表 3.2　多米尼加共和国 2015 年 PISA 数据的随机因子负荷估算

| 参数 | 均值 | 95% 置信区间 |
|---|---|---|
| $\overset{VID}{\mu_{11}}$ | 1.028 | [0.985，1.072] |
| $\overset{DL1}{\mu_{11}}$ | 1.190 | [1.149，1.225] |
| $\overset{DL2}{\mu_{11}}$ | 1.093 | [1.051，1.132] |
| $\overset{ISC}{\mu_{11}}$ | 1.098 | [1.055，1.135] |
| $\overset{ILS}{\mu_{11}}$ | 1.150 | [1.107，1.190] |
| $\overset{HWC}{\mu_{11}}$ | 0.823 | [0.781，0.868] |

## 模型拟合与比较

贝叶斯估计随机负荷 CFA 的一个缺陷是迄今为止只尝试和检验过一种方法:偏差信息准则(deviance information criterion，DIC)(Spiegelhalter，Best，Carlin，& van der Linde，2002)。与 AIC 和 BIC 一样，DIC 是拟合度的增量指标[*]，较低的值表示拟合较好。它对具有大量自由参数的模型非常敏感，并且可能导致选择不太精简的模型——这同时也是 AIC 的缺点，但对于 BIC 来说稍微好一些。此外，DIC 可以用来比较对于同一样本的非嵌套模型(Asparouhov & Muthén，2015)。

表 3.3　DIC 拟合统计比较

| | 偏差(DIC) | $P_D$ | $\Delta_{DIC}$ |
|---|---|---|---|
| 基线模型 | 57 104.955 | 346.475 | |
| 随机负荷模型 | 57 124.916 | 424.174 | 19.961 |

注:$P_D$ 是估计的参数有效个数。随机负荷模型在图 3.5 中呈现,基线模型可以在图 3.3 中找到。

我们可以用模型拟合统计来检验测量不变性。对于基线模型,我们使用贝叶斯估计运行图 3.3 中的模型。这允许我们计算两个模型的 DIC,并检验让负荷在不同组间变化是否可以提高拟合度。表 3.3 给出了两者的模型拟合信息。DIC 指数($\Delta_{DIC}$)的差值为 19.961。$P_D$ 表示参数的有效个数,是一个模型估计值。作为 DIC 公式的一部分,它是对模型复

---

[*]　随样本容量增加的渐近近似。——译者注

杂性的惩罚(参数越多,DIC 越高)。我们观察到允许不同学校负荷变化的模型的 DIC 高于基线模型的 DIC,这表明此模型拟合不良。这是由 $P_D$ 增加引起的,而这种增加并不能通过减小的偏差来补偿。允许各学校的因子负荷变化会产生比约束它们相等更糟糕的拟合模型,因此在这些数据中存在测量不变性。

# 第 5 节 | 总 结

　　本章引入具有潜变量的多层测量模型的思想,为建立完整的多层结构方程模型奠定了基础。我们已经看到了如何在测量模型中解释集群,以及在使用相同指标的不同分析层次上,因子结构实际上可以如何不同。如果它们不存在差异,我们将探索如何在两个分析层次上通过保持因子度量相同来拆分因子方差。最后,我们介绍了随机因子负荷模型,并描述了它们如何提高多层 CFA 和 SEM 的建模潜力,以解释更复杂的测量和理论。

　　这里检验的模型是一些基本的例子,但是这种技术可以无缝地扩展到更复杂的模型中。首先,PISA 建议对公立和私立学校进行分析,然而为了简单起见,我们在示例中刻意忽略了这一点。如果考虑到这一点,就有可能在多组框架中实施多层 CFA,每种学校一个小组,共两个小组。感兴趣的读者可以在第 5 章中找到更多的信息。此外,通过切换估计量,我们还可以将多层 CFA 应用到具有分类指标的模型中。可以添加交叉负荷,将贝叶斯方法扩展到具有交叉分类的模型(Asparouhov & Muthén, 2015)。然而,最直接的扩展是我们在第 4 章中处理的情形:在两个分析层次上添加协变量,从而构建具有潜变量的多层路径模型。

第 $4$ 章

多层结构方程模型

# 第 1 节 │ 将因子和路径模型结合

第 2 章和第 3 章介绍了结构方程模型建模的主要组成部分:路径分析和验证性因子模型的多层扩展。本章将二者合并为完整多层结构方程模型。我们现在有一个复杂的因果结构,具有潜在的中介和调节效应,以及目标结构的多元测量。这种灵活性允许我们在考虑测量误差和效度等问题的同时,对我们的理论进行检验。

我们使用 2004 年工作场所雇佣关系调查(WERS)教学数据集的数据来构建我们的案例。这是一项由两份问卷组成的调查:一份发给员工,一份发给公司管理者。我们使用的数据包括:每个公司采访一名管理者,共 1 723 名;平均每个公司采访 11 名员工,共 18 918 名。[33] 这项调查在英国进行,从所有雇佣五名及以上员工的工作场所构成的总体中进行随机抽取,包括公营和私营企业。除了跨国调查和教育研究外,这是另一种典型的多层次数据结构,这里,员工集聚在组织中。[34]

表 4.1 列出了本章中使用的所有变量。主要的结果变量是,员工如何看待自己的能力与对他们的期望是否相符合——员工认为自己从事高于他们能力的工作还是从事低于他们能力的工作。我们探讨了这一结果变量与员工对工

作的要求、公司管理者的反应以及他们对薪酬的看法之间的关系。在公司层面,我们将员工人数作为外生协变量。我们必须强调的是,本章中的模型只是演示该方法的一个示例。它们没有因果关系,我们也不打算提出实质性的因果关系主张。

表 4.1　2004 年 WERS 教学数据中的变量和缩略词

| 编码 | 问　　题 | 反应尺度 |
|---|---|---|
| **对自身技能的认知** | | |
| *SKL* | 你个人拥有的工作技能与你目前工作所需的技能相匹配吗? | 1[(我自己的技能)低很多]到 5(高很多*) |
| **管理者回应(*RES/REB*)** | | |
| | (总的来说,你认为这个工作场所的管理者) | |
| *RE*1 | 回应员工或员工代表的建议 | 1(非常差)到 5(非常好*) |
| *RE*2 | 允许员工或员工代表影响最终决策 | 1(非常差)到 5(非常好*) |
| **对工作难度的看法(*HAR/HAB*)** | | |
| *HW*1 | 我的工作要求我努力 | 1(非常不同意)到 5(非常同意*) |
| *HW*2 | 我似乎从来没有足够的时间来完成我的工作 | 1(非常不同意)到 5(非常同意*) |
| *HW*3 | 我很担心工作时间以外的工作 | 1(非常不同意)到 5(非常同意*) |
| **薪酬** | | |
| *PAY* | 在扣除税收和其他扣减项之前,你在这里工作的薪酬是多少? | 1(每周低于或等于 5 英镑)到 14(每周高于或等于 871 英镑) |
| **工作场所环境** | | |
| *NEM* | 公司员工人数(取对数) | 5—9 873 (1.609—9.198) |

　　注:* 表示与原始数据集相关的已重新编码的变量,因此值越高,表示技能越高、工作要求越高、管理者的回应也越好。

# 第 2 节 ▏ 观测结果变量的随机截距

　　估计具有潜变量的多层结构方程模型的过程与前几章中解释的类似。将总协方差矩阵分解为两个：群组内和群组间分量，它们是相加的、不相关的，因此 $\Sigma_T = \Sigma_W + \Sigma_B$。这对模型识别有意义。正如第 1 章所讨论的，如果协方差矩阵中的元多于估计的自由参数个数，则单层结构方程模型会被过度识别。在 MSEM 中仍然如此。然而，计算协方差矩阵 $p(p+1)/2$ 中的元的数量的探索性公式不再适用。这是因为有些变量现在只估计了它们的第一层方差，有些变量可以将它们的方差分解为层内和层间分量，而有些协变量只在第二层有方差。

　　为了计算可以估计的参数数量，我们需要计算每个协方差矩阵中的元的数量（$\Sigma_W$ 和 $\Sigma_B$）。对于这两个协方差矩阵的元的数量，公式遵循上述公式*，但有一个变化：在层内部分，它变成了 $p_W(p_W+1)/2$，其中 $p_W$ 是我们估计层内方差的变量总数。这包括只估计层内方差的那些变量（即，我们将其层间方差固定为 0），以及同时估计层内和层间方差分量的那些变量。[35] 这与层间方差 $p_B(p_B+1)/2$ 类似，其中 $p_B$ 是估

---

　　* 即 $p(p+1)/2$。——译者注

计层间方差的变量数。这包括仅在组别上测量、情境变量，以及在层内测量但估计了两个方差分量的变量。参数总数由公式 4.1 给出：

$$p_W(p_W+1)/2 + p_B(p_B+1)/2 + p \qquad [4.1]$$

最后一个 $p$ 是模型中变量的总数。$p$ 在那里，是因为多层结构方程模型总是有一个均值结构。均值向量始终是模型识别中的一个重要组成部分。

对于本章中的例子，我们想知道哪些因素决定了员工认为自己从事高于还是低于他们能力的工作。有许多因素会影响这种看法。在个人层面，我们可以考虑某人的薪酬或所从事活动的性质。我们也可以想象公司层面的现象会影响人们对自身技能的认知，比如一般的工作环境或所处的行业。因此，我们对这两个分析层次都有理论上的期望，这使它成为一个可以用我们的分层数据和多层结构方程模型进行检验的好例子。我们的第一个示例如图 4.1 所示。它包括两个层内潜变量：管理者回应（RES），由员工回答的两个问题来测量，即他们认为管理者在多大程度上考虑了他们的意见；工作难度（HAR），由三个指标衡量，即员工认为自己的工作有多困难，他们有多担心。该模型的测量部分如方程 4.2 所述。

$$\begin{cases} RE1_{ij} = \overset{RE1}{\lambda_0} + \overset{RE1}{\lambda_1} RES_{ij} + \overset{RE1}{\varepsilon_{ij}} \\ RE2_{ij} = \overset{RE2}{\lambda_0} + \overset{RE2}{\lambda_1} RES_{ij} + \overset{RE2}{\varepsilon_{ij}} \\ HW1_{ij} = \overset{HW1}{\lambda_0} + \overset{HW1}{\lambda_2} HAR_{ij} + \overset{HW1}{\varepsilon_{ij}} \\ HW2_{ij} = \overset{HW2}{\lambda_0} + \overset{HW2}{\lambda_2} HAR_{ij} + \overset{HW2}{\varepsilon_{ij}} \\ HW3_{ij} = \overset{HW3}{\lambda_0} + \overset{HW3}{\lambda_2} HAR_{ij} + \overset{HW3}{\varepsilon_{ij}} \end{cases} \qquad [4.2]$$

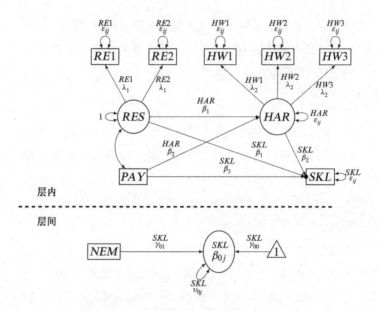

**图 4.1　具有随机截距的自身技能认知双层模型**

有一个第一层协变量：个人的薪酬（$PAY$）。结果变量是员工对自己技能在多大程度上可以较好匹配其任务的看法（$SKL$）。它表明人们认为自己的能力高于还是低于他们所从事的工作。他们自己的技能认知可以通过他们认为自己的工作有多难、薪酬有多高以及管理者回应如何来解释。我们还假设，薪酬和管理者回应对个人认为他们的工作有多难有影响。因此，在层内部分，我们有一个假设存在中介效应的路径模型。第一层模型的结构部分如方程 4.3 所示：

$$\begin{cases} HAR_{ij} = \overset{HAR}{\beta_0} + \overset{HAR}{\beta_1} RES_{ij} + \overset{HAR}{\beta_2} PAY_{ij} + \overset{HAR}{\varepsilon_{ij}} \\ SKL_{ij} = \overset{SKL}{\beta_{0j}} + \overset{SKL}{\beta_1} RES_{ij} + \overset{SKL}{\beta_2} HAR_{ij} + \overset{SKL}{\beta_3} PAY_{ij} + \overset{SKL}{\varepsilon_{ij}} \end{cases}$$

$$[4.3]$$

对工作难度认知的潜变量（$HAR$）有一个在组间不变的截距（$\overset{HAR}{\beta_0}$）被默认设定为 0 而不在模型中进行估计,这是因为它是一个我们必须固定度量的潜变量。$HAR_{ij}$ 可以用两个外生变量来解释:一个是个人薪酬（$PAY$）,另一个是潜变量管理者回应（$RES$）,它们的系数在不同的工作场所间不允许产生变化。它还包含一个干扰项（$\overset{HAR}{\varepsilon_{ij}}$）,如果我们将其中一个因子负荷 $\lambda_2$ 固定为 1,则可以对其进行自由估计。技能认知（$SKL$）有一个可以在 $j$ 个公司间变化的截距（$\overset{SKL}{\beta_{0j}}$）,它可以用两个潜在指标和观测外生变量 $PAY$ 来解释。当前技能和所需技能匹配的程度 $SKL$,也存在个体间的残差方差 $\overset{SKL}{\varepsilon_{ij}}$。

我们从第二层的一个简单模型开始。只有技能认知的截距被允许在不同的公司中变化,并且它由一个第二层协变量预测:记录在案公司员工数的对数值（$NEM$）。方程 4.4 对此进行了描述:

$$\overset{SKL}{\beta_{0j}} = \overset{SKL}{\gamma_{00}} + \overset{SKL}{\gamma_{01}}NEM_j + \overset{SKL}{\upsilon_{0j}} \qquad [4.4]$$

方程 4.4 包含一个总截距 $\overset{SKL}{\gamma_{00}}$;第二层协变量系数 $\overset{SKL}{\gamma_{01}}$;组间残差方差 $\overset{SKL}{\upsilon_{0j}}$。我们可以将其代入方程 4.3 的第二行,然后得到方程 4.5 中给出的设定。

$$SKL_{ij} = \overset{SKL}{\gamma_{00}} + \overset{SKL}{\gamma_{01}}NEM_j + \overset{SKL}{\beta_1}RES_{ij} + \overset{SKL}{\beta_2}HAR_{ij}$$
$$+ \overset{SKL}{\beta_3}PAY_{ij} + \overset{SKL}{\upsilon_{0j}} + \overset{SKL}{\varepsilon_{ij}} \qquad [4.5]$$

将方程 4.3 的第一行加上方程 4.2、方程 4.5 中的测量模型,我们第一个模型的完整方程组即方程 4.6 中给出的设定。

$$\begin{cases} RE1_{ij} = \overset{RE1}{\lambda_0} + \overset{RE1}{\lambda_1} RES_{ij} + \overset{RE1}{\varepsilon_{ij}} \\[4pt] RE2_{ij} = \overset{RE2}{\lambda_0} + \overset{RE2}{\lambda_1} RES_{ij} + \overset{RE2}{\varepsilon_{ij}} \\[4pt] HW1_{ij} = \overset{HW1}{\lambda_0} + \overset{HW1HAR}{\lambda_2}\overset{}{\beta_1} RES_{ij} + \overset{HW1HAR}{\lambda_2}\overset{}{\beta_2} PAY_{ij} + \overset{HW1HAR}{\lambda_2}\overset{HW1HAR}{\beta_0} + \overset{HW1HAR}{\lambda_2}\overset{}{\varepsilon_{ij}} + \overset{HW1}{\varepsilon_{ij}} \\[4pt] HW2_{ij} = \overset{HW2}{\lambda_0} + \overset{HW2HAR}{\lambda_2}\overset{}{\beta_1} RES_{ij} + \overset{HW2HAR}{\lambda_2}\overset{}{\beta_2} PAY_{ij} + \overset{HW2HAR}{\lambda_2}\overset{HW2HAR}{\beta_0} + \overset{HW2HAR}{\lambda_2}\overset{}{\varepsilon_{ij}} + \overset{HW2}{\varepsilon_{ij}} \\[4pt] HW3_{ij} = \overset{HW3}{\lambda_0} + \overset{HW3HAR}{\lambda_2}\overset{}{\beta_1} RES_{ij} + \overset{HW3HAR}{\lambda_2}\overset{}{\beta_2} PAY_{ij} + \overset{HW3HAR}{\lambda_2}\overset{HW3HAR}{\beta_0} + \overset{HW3HAR}{\lambda_2}\overset{}{\varepsilon_{ij}} + \overset{HW3}{\varepsilon_{ij}} \\[4pt] SKL_{ij} = \overset{SKL}{\gamma_{00}} + \overset{SKL}{\gamma_{01}} NEM_j + \overset{SKL}{\beta_1} RES_{ij} + \overset{SKL}{\beta_2} HAR_{ij} \\[4pt] \qquad\quad + \overset{SKL}{\beta_3} PAY_{ij} + \overset{SKL}{\upsilon_{0j}} + \overset{SKL}{\varepsilon_{ij}} \end{cases}$$

$$[4.6]$$

因此,我们有六个观测内生变量、一个第一层的观测外生协变量($PAY$)、一个第二层的观测外生协变量($NEM$)、一个潜在的结果变量($HAR$)和一个潜在的外生协变量($RES$)。

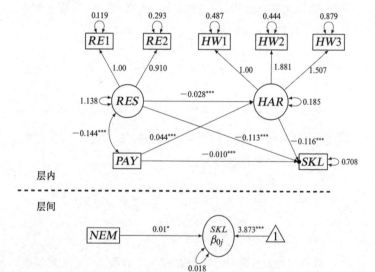

**图 4.2 具有随机截距的自身技能认知双层模型**

　　图 4.2 中的结果表明,所有第一层协变量都对员工的技能资格认知产生了显著的负面影响。人们对工作要求越高,就越认为自己能力不够,这并不奇怪。反过来说,认为管理者回应越好,也可以解释人们对自我技能的认知越低。较高的薪酬亦是如此。后者可能反映出这样一个事实:在一个组织中,那些职位较高、责任更重、任务要求更高的人得到了更高的报酬。这是由一个人的薪酬($PAY$)和工作难度认知($HAR$)之间正向且显著的关系所表明的。另一方面,管理者回应与工作难度呈负相关。在层间部分,平均来看,在越大的公司,员工越会觉得从事着高于自己能力的工作。

　　此外,该模型具有良好的拟合统计值。鉴于我们样本中有超过 18 000 个观测值,$\chi^2$ 检验显著并不奇怪。另一方面,RMSEA 为 0.046,CFI 和 TLI 分别为 0.985 和 0.968。在两层模型中,SRMR 分别给出层内和层间的值,层内部分为 0.028,层间部分为 0.008。

## 第 3 节 ┃ **多层潜在协变量模型**

在标准多层次模型建模中,通常会发现一种情况,即第一层变量以组平均值置中作为第一层协变量,同时组平均值作为第二层协变量加入模型中来。例如,对于工作场所氛围的员工报告在第一层有所不同,但也可以在公司层次聚集,以显示每个公司的平均氛围。这些被称为情境变量(Boyd & Iversen,1979;Raudenbush & Bryk,2002),但有时也会作为构型形态结构(configural constructs)出现(Kozlowski & Klein,2000)。

然而,仅使用组平均值对第一层特征进行整合的假设是,没有测量误差。这可能会有问题,特别是考虑到相对较小的平均群组。在一家拥有数百名员工的公司里,少数员工的平均感受可能无法代表公司的整体氛围。

正如我们在引言中所指出的,结构方程模型建模的一大优点是它将测量误差纳入因果模型。将这个框架与多层次模型相结合,称为多层潜在协变量模型(Lüdtke et al.,2008;Marsh et al.,2009)。在这个模型中,我们不是简单地取组平均值并将其作为第二层的情境协变量使用,而是将第一层协变量分解为方差内和方差间的分量以及它的总截距(或总平均值,可回溯到多层次模型建模文献)。

在我们目前的模型中,我们可以想象,不仅员工的薪酬影响他们的技能认知,而且他们周围人的平均薪酬也可能影响他们对自身技能的认知。因此,公司平均薪酬是公司的特征之一,是由员工个人薪酬整合而成的情境协变量。将上一段描述的方差分解应用于我们的第一层观测协变量 PAY 可以得出方程 4.7 所示的设定:

$$PAY_{ij} = \gamma_{00}^{PAY} + \upsilon_{0j}^{PAY} + \varepsilon_{ij}^{PAY} \qquad [4.7]$$

这种分解方式与随机截距模型中结果变量的分解方式相同,只不过这里我们指的是薪酬的平均值而不是它的截距,原因是它仍然是外生的。我们把它作为一个具有组间均值和方差的潜在情境协变量进行整合,用模型参数 $\upsilon_{0j}^{PAY}$ 来估计。

这类模型的一个经典应用是在教育文献中,称为“大鱼小池塘效应”(BFLPE)(Marsh & Parker, 1984)。在这些模型中,学生的能力预测了他们的自我认知,并用课堂平均能力(由学生整合而来)来解释课堂上的平均自我认知。大鱼小池塘效应是指,虽然高能力的学生有更好的自我认知,但与在学生平均能力低的环境中相比,他们的自我认知在高能力者众多的学校或班级里会更差(让成绩不佳学校里的好学生成为众所周知的小池塘里的大鱼)。潜在情境协变量模型最初正是基于这些应用而开发的(Lüdtke et al., 2008; Marsh et al., 2009)。

我们预设在组织情境中会有类似的情况。在上一节中,我们发现较高的薪酬预示着较低的自身技能认知。这可能有两个原因:薪酬高的人有更高要求的任务,这使得它成为

个人层面的现象;或者,公司里的员工薪酬更高,因此被期望
提供更复杂的服务。总体而言,在拥有更多合格员工的公
司,员工认为自己的技能不如那些同样具有高能力的同事。
这使其成为公司层面的效应。我们在图 4.3 中给出的结果用
于检验这些解释中哪一个适用。在层内部分,我们用技能认
知($SKL$)对薪酬($PAY$)进行回归,以检验第一个假设;在层
间部分,我们用员工对自身技能认知的跨公司方差 $\beta_{0j}^{SKL}$,对员
工薪酬的跨公司方差 $\beta_{0j}^{PAY}$ 进行回归,以检验第二个假设:较高
的平均工资是否导致较低的平均自身技能认知。方程 4.8 给
出了第二层的结构模型部分:

$$\beta_{0j}^{SKL} = \gamma_{00}^{SKL} + \gamma_{01}^{SKL} NEM_j + \gamma_{02}^{SKL}\beta_{0j}^{PAY} + \upsilon_{0j}^{SKL} \qquad [4.8]$$

该方程将 $\gamma_{02}^{SKL}\beta_{0j}^{PAY}$ 添加到方程 4.4 中。我们还可以将之添
加到之前定义了 $SKL_{ij}$ 模型的方程 4.5 中的最后一行,得到
方程 4.9 中给出的设定:

$$SKL_{ij} = \gamma_{00}^{SKL} + \gamma_{01}^{SKL} NEM_j + \gamma_{02}^{SKL}\beta_{0j}^{PAY} + \beta_1^{SKL} RES_{ij}$$
$$+ \beta_2^{SKL} HAR_{ij} + \beta_3^{SKL} PAY_{ij} + \upsilon_{0j}^{SKL} + \varepsilon_{ij} \qquad [4.9]$$

在层间部分,我们可以看到 $\beta_{0j}^{PAY}$ 的平均值($\gamma_{00}^{PAY}$)为 8.197,
方差($\upsilon_{0j}^{PAY}$)为 4.878。在层内部分,$PAY$ 的方差内分量 $\varepsilon_{ij}^{PAY}$ 等于
6.195。回到层间部分,它也解释了技能的随机截距为系数
$\gamma_{02}^{SKL}$ 的变化。

　　与上一节中没有估计 $PAY$ 的层间方差的拟合指标相
比,这个模型具有更好的拟合度。RMSEA 为 0.044;CFI 和
TLI 分别为 0.988 和 0.972;层内部分的 SRMR 为 0.026,层间

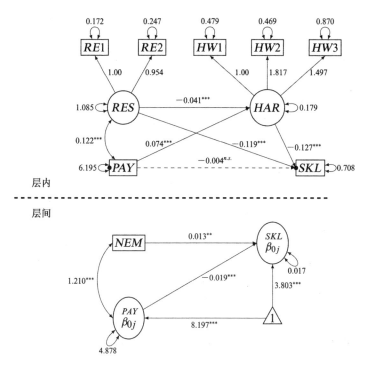

图 4.3 潜在的情境协变量模型

部分的 SRMR 为 0.008。[36] 从结果来看，几乎所有的系数和
估计值与前一个没有情境协变量的模型保持一致。然而，我
们观测到一个重要的差异：薪酬(PAY)与技能认知(SKL)之
间的关系在层内(企业内部)并不显著，而且这个系数非常小
(−0.004)，不到之前的一半，在层间却是显著的。这表明，在
一家公司里，较高的平均薪酬会使在那里工作的人觉得自身
能力低于所从事的工作。更高的平均薪酬可能意味着充满
高能力专业人士的公司会提供更复杂的服务或产品，继而会
使个人觉得自己能力较低。或者，反过来说，在平均薪酬较

低、提供更普通服务的公司里，个人可能会觉得更有能力胜任自己的工作。

　　为了检验两个变量之间的关系在第一层还是第二层更强，可以对层内系数和层间系数之差（$\beta_3^{SKL} - \gamma_{02}^{SKL}$）进行建模，并与模型的其余部分同时进行估计，获得置信区间和显著性检验。在这种情况下，0.015 的差异在统计意义上显著，这意味着薪酬（$PAY$）与个人对自身技能认知（$SKL$）之间的大部分关系是在公司层面，而不是员工层面。对于第一个模型，在图 4.2 中，我们将薪酬（$PAY$）与自身技能认知（$SKL$）之间的负向层内关系解释为，处于更高职位、承担更多责任和复杂任务的个人，会感觉自己无法胜任。然而，这些发现表明，更重要的是员工周围的人的平均薪酬和公司本身的性质，而不是个人职位的性质。

# 第 4 节 | 具有层间潜变量的结构模型

　　薪酬并不是唯一对个人和公司都有影响的因素。对管理者回应和工作难度的认知也可以转化为公司特征:有些公司的要求比其他公司更高,有些公司的回应性管理文化比其他公司水平更高。例如,研究人员可能感兴趣的是,自我认知技能是更依赖于人们自己对管理者回应的看法,还是公司总体上更具回应性的管理风格。与上一节中区分薪酬层内和层间影响的例子唯一的不同之处在于,管理者回应和工作难度现在在个人层面作为潜变量进行衡量。

　　为了以有意义的方式区分两个分析层次的潜变量,我们现在使用个人层面测量的指标截距形成在公司层面可比较的潜变量。该模型如图 4.4 所示。REB 被解释为企业管理者的一种回应文化。HAB 被解释为一家公司对员工的要求有多高。我们最终得到的是,企业层面中个人对管理者回应的认知(我们以前的 RES 变量)和个人对自己工作困难程度的认知(HAR)。总的来说,一旦我们将个人的指标截距整合到企业层面,它们就可以作为因子指标,产生一个企业层面的潜变量。

　　在这一阶段,我们还没有假设跨层不变性,因此在第一层指标和第二层指标之间的因子负荷上没有相等约束(如第

3 章所述）。下一节将介绍这些相等约束的实施。

目前，正如我们在上一章关于多层次测量模型中所看到的那样，在企业层面，*REB* 和 *HAB* 的指标是每个层内（个人层面）指标的截距（$\lambda_{0j}$）。它们可以解释为公司特征，但不一定等同于个体特征的整合。该模型的测量部分在方程4.10中进行了定义：

$$\begin{cases} \overset{RE1}{\lambda_{0j}} = \overset{RE1}{\mu_{00}} + \overset{RE1}{\mu_{01}} REB_j + \overset{RE1}{\upsilon_{0j}} \\ \overset{RE2}{\lambda_{0j}} = \overset{RE2}{\mu_{00}} + \overset{RE2}{\mu_{01}} REB_j + \overset{RE2}{\upsilon_{0j}} \\ \overset{HW1}{\lambda_{0j}} = \overset{HW1}{\mu_{00}} + \overset{HW1}{\mu_{02}} HAB_j + \overset{HW1}{\upsilon_{0j}} \\ \overset{HW2}{\lambda_{0j}} = \overset{HW2}{\mu_{00}} + \overset{HW2}{\mu_{02}} HAB_j + \overset{HW2}{\upsilon_{0j}} \\ \overset{HW3}{\lambda_{0j}} = \overset{HW3}{\mu_{00}} + \overset{HW3}{\mu_{02}} HAB_j + \overset{HW3}{\upsilon_{0j}} \end{cases} \quad [4.10]$$

我们的主要实质性目标是调查（作为公司特征的）管理者回应和工作难度如何影响员工的平均技能认知。因此，我们也将结构关系添加到该模型的层间部分。我们维持先前模型中技能认知（*SKL*）的随机截距，但现在除了薪酬（$\overset{PAY}{\upsilon_{0j}}$）和第二层协变量（员工人数）的层间方差外，还使用两个层间潜变量*来解释公司间的差异。我们假设员工的数量应该与公司的回应水平相关——较大的公司在咨询和回应单个员工的要求时自然会有更大的困难。此外，我们假设在层间部分，回应与工作要求呈负相关，并影响员工对自身技能的认知。员工的数量也会对公司的要求产生影响。这一组层间结构关系更新了方程 4.8 中的 $\overset{SKL}{\beta_{0j}}$，现在在层间部分添

---

\* *REB* 和 *HAB*。——译者注

加了两个新的内生潜变量 $HAB_j$ 和 $REB_j$ 及其各自的协变量。[37]

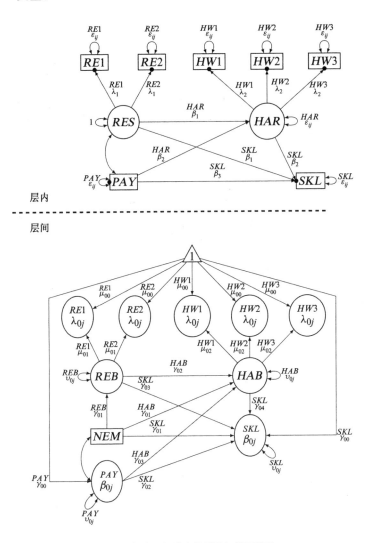

图 4.4 具有层间潜变量的随机截距模型

$$\begin{cases} \beta_{0j} \overset{SKL}{=} \overset{SKL}{\gamma_{00}} + \overset{SKL}{\gamma_{01}}NEM_j + \overset{SKL\,PAY}{\gamma_{02}\beta_{0j}} + \overset{SKL}{\gamma_{03}}REB_j + \overset{SKL}{\gamma_{04}}HAB_j + \overset{SKL}{\upsilon_{0j}} \\ HAB_j \overset{HAB}{=} \overset{HAB}{\gamma_{00}} + \overset{HAB}{\gamma_{01}}NEM_j + \overset{HAB}{\gamma_{02}}REB_j + \overset{HAB\,PAY}{\gamma_{03}\beta_{0j}} + \overset{HAB}{\upsilon_{0j}} \\ REB_j \overset{REB}{=} \overset{REB}{\gamma_{00}} + \overset{REB}{\gamma_{01}}NEM_j + \overset{REB}{\upsilon_{0j}} \end{cases}$$

$$[4.11]$$

如果把这一结构部分(方程 4.11)与第二层测量模型(方程 4.10)结合起来,我们将得到方程 4.12 中给出的设定:

$$\begin{cases} \lambda_{0j} \overset{RE1}{=} \overset{RE1}{\mu_{00}} + \overset{RE1}{\mu_{01}}\overset{REB}{\gamma_{00}} + \overset{RE1}{\mu_{01}}\overset{REB}{\gamma_{01}}NEM_j + \overset{RE1}{\mu_{01}}\overset{REB}{\upsilon_{0j}} + \overset{RE1}{\upsilon_{0j}} \\ \lambda_{0j} \overset{RE2}{=} \overset{RE2}{\mu_{00}} + \overset{RE2}{\mu_{01}}\overset{REB}{\gamma_{00}} + \overset{RE2}{\mu_{01}}\overset{REB}{\gamma_{01}}NEM_j + \overset{RE2}{\mu_{01}}\overset{REB}{\upsilon_{0j}} + \overset{RE2}{\upsilon_{0j}} \\ \lambda_{0j} \overset{HW1}{=} \overset{HW1}{\mu_{00}} + \overset{HW1}{\mu_{02}}\overset{HAB}{\gamma_{00}} + \overset{HW1}{\mu_{02}}\overset{HAB}{\gamma_{01}}NEM_j + \overset{HW1}{\mu_{02}}\overset{HAB}{\gamma_{02}}REB_j + \overset{HW1}{\mu_{02}}\overset{HAB}{\upsilon_{0j}} + \overset{HW1}{\upsilon_{0j}} \\ \lambda_{0j} \overset{HW2}{=} \overset{HW2}{\mu_{00}} + \overset{HW2}{\mu_{02}}\overset{HAB}{\gamma_{00}} + \overset{HW2}{\mu_{02}}\overset{HAB}{\gamma_{01}}NEM_j + \overset{HW2}{\mu_{02}}\overset{HAB}{\gamma_{02}}REB_j + \overset{HW2}{\mu_{02}}\overset{HAB}{\upsilon_{0j}} + \overset{HW2}{\upsilon_{0j}} \\ \lambda_{0j} \overset{HW3}{=} \overset{HW3}{\mu_{00}} + \overset{HW3}{\mu_{02}}\overset{HAB}{\gamma_{00}} + \overset{HW3}{\mu_{02}}\overset{HAB}{\gamma_{01}}NEM_j + \overset{HW3}{\mu_{02}}\overset{HAB}{\gamma_{02}}REB_j + \overset{HW3}{\mu_{02}}\overset{HAB}{\upsilon_{0j}} + \overset{HW3}{\upsilon_{0j}} \end{cases}$$

$$[4.12]$$

这里,每个指标随组改变的截距(例如,$\overset{RE1}{\lambda_{0j}}$)是由其总平均值($\overset{RE1}{\mu_{00}}$)和因子负荷($\overset{RE1}{\mu_{01}}$)乘以构成层间潜变量总方差的元素构成:对于第一行,就是 $REB_j$。它们在方程 4.11 的右侧。在这里,我们将 $\overset{RE1}{\mu_{01}}$ 乘以 $\overset{REB}{\gamma_{00}} + \overset{REB}{\gamma_{01}}NEM_j + \overset{REB}{\upsilon_{0j}}$。最后加上 RE1 的层间剩差方差 $\overset{RE1}{\upsilon_{0j}}$,我们得到方程 4.12 中的第一行。

此外,在方程 4.12 的最后三行,我们留有 $REB_j$,在这种

情况下作为 $HAB$ 的协变量,是由$\lambda_{0j}^{HW1}-\lambda_{0j}^{HW3}$构成的潜变量。同时,我们已经设定了 $REB_j$ 的统计模型(如方程 4.11 最后一行所示),如果我们将方程 4.12 最后三行中此模型的 $REB_j$ 进行替换,则最后三行将如方程 4.13 所示:

$$
\begin{cases}
\lambda_{0j}^{HW1}=\mu_{00}^{HW1}+\mu_{02}^{HW1}\gamma_{00}^{HAB}+\mu_{02}^{HW1}\gamma_{01}^{HAB}NEM_j+\mu_{02}^{HW1}\gamma_{02}^{HAB\,REB}\gamma_{00}+\mu_{02}^{HW1}\gamma_{03}^{HAB\,PAY}\beta_{0j} \\
\qquad +\mu_{02}^{HW1}\gamma_{02}^{HAB\,REB}\gamma_{01}NEM_j+\mu_{02}^{HW1}\gamma_{02}^{HAB\,REB}\upsilon_{0j}+\mu_{02}^{HW1}\upsilon_{0j}^{HAB}+\upsilon_{0j}^{HW1} \\[6pt]
\lambda_{0j}^{HW2}=\mu_{00}^{HW2}+\mu_{02}^{HW2}\gamma_{00}^{HAB}+\mu_{02}^{HW2}\gamma_{01}^{HAB}NEM_j+\mu_{02}^{HW2}\gamma_{02}^{HAB\,REB}\gamma_{00}+\mu_{02}^{HW2}\gamma_{03}^{HAB\,PAY}\beta_{0j} \\
\qquad +\mu_{02}^{HW2}\gamma_{02}^{HAB\,REB}\gamma_{01}NEM_j+\mu_{02}^{HW2}\gamma_{02}^{HAB\,REB}\upsilon_{0j}+\mu_{02}^{HW2}\upsilon_{0j}^{HAB}+\upsilon_{0j}^{HW2} \\[6pt]
\lambda_{0j}^{HW3}=\mu_{00}^{HW3}+\mu_{02}^{HW3}\gamma_{00}^{HAB}+\mu_{02}^{HW3}\gamma_{01}^{HAB}NEM_j+\mu_{02}^{HW3}\gamma_{02}^{HAB\,REB}\gamma_{00}+\mu_{02}^{HW3}\gamma_{03}^{HAB\,PAY}\beta_{0j} \\
\qquad +\mu_{02}^{HW3}\gamma_{02}^{HAB\,REB}\gamma_{01}NEM_j+\mu_{02}^{HW3}\gamma_{02}^{HAB\,REB}\upsilon_{0j}+\mu_{02}^{HW3}\upsilon_{0j}^{HAB}+\upsilon_{0j}^{HW3}
\end{cases}
$$

$$[4.13]$$

正如这些方程的左边所示,它们只是指标截距的组间方差。因此,为了完善模型,我们可以用新公式代替方程 4.6 中指标的截距($\lambda_0$),用方程 4.12 的右边表示$\lambda_{0j}^{RE1}$和$\lambda_{0j}^{RE2}$,用方程 4.13 的右边表示$\lambda_{0j}^{HW1}$、$\lambda_{0j}^{HW2}$和$\lambda_{0j}^{HW3}$。图 4.4 的完全模型中,左边的所有元都是观测变量,可以用方程格式编写(尽管在这一点上,大家只对矩阵代数公式具有的简约性更加欣赏),如方程 4.14 所示:

$$
\left\{
\begin{aligned}
RE1_{ij} &= \overset{RE1}{\mu_{00}} + \overset{RE1}{\lambda_1}RES_{ij} + \overset{RE1\,REB}{\mu_{01}\gamma_{00}} + \overset{RE1\,REB}{\mu_{01}\gamma_{01}}NEM_j + \overset{RE1\,REB}{\mu_{01}\upsilon_{0j}} + \overset{RE1}{\upsilon_{0j}} + \overset{RE1}{\varepsilon_{ij}} \\[4pt]
RE2_{ij} &= \overset{RE2}{\mu_{00}} + \overset{RE2}{\lambda_1}RES_{ij} + \overset{RE2\,REB}{\mu_{01}\gamma_{00}} + \overset{RE2\,REB}{\mu_{01}\gamma_{01}}NEM_j + \overset{RE2\,REB}{\mu_{01}\upsilon_{0j}} + \overset{RE2}{\upsilon_{0j}} + \overset{RE2}{\varepsilon_{ij}} \\[4pt]
HW1_{ij} &= \overset{HW1}{\mu_{00}} + \overset{HW1\,HAB}{\mu_{02}\gamma_{00}} + \overset{HW1\,HAB}{\mu_{02}\gamma_{01}}NEM_j + \overset{HW1\,HAB\,REB}{\mu_{02}\gamma_{02}\gamma_{00}} + \overset{HW1\,HAB}{\mu_{02}\gamma_{02}}NEM_j \\
&\quad + \overset{HW1\,HAB\,REB}{\mu_{02}\gamma_{02}\upsilon_{0j}} + \overset{HW1\,HAB\,PAY}{\mu_{02}\gamma_{03}\beta_{0j}} + \overset{HW1\,HAB}{\mu_{02}\upsilon_{0j}} + \overset{HW1}{\upsilon_{0j}} + \overset{HW1\,HAR}{\lambda_2\,\beta_0} \\
&\quad + \overset{HW1\,HAR}{\lambda_2\,\beta_1}RES_{ij} + \overset{HW1\,HAR}{\lambda_2\,\beta_2}PAY_{ij} + \overset{HW1\,HAR}{\lambda_2\,\varepsilon_{ij}} + \overset{HW1}{\varepsilon_{ij}} \\[4pt]
HW2_{ij} &= \overset{HW2}{\mu_{00}} + \overset{HW2\,HAB}{\mu_{02}\gamma_{00}} + \overset{HW2\,HAB}{\mu_{02}\gamma_{01}}NEM_j + \overset{HW2\,HAB\,REB}{\mu_{02}\gamma_{02}\gamma_{00}} + \overset{HW2\,HAB}{\mu_{02}\gamma_{02}}NEM_j \\
&\quad + \overset{HW2\,HAB\,REB}{\mu_{02}\gamma_{02}\upsilon_{0j}} + \overset{HW2\,HAB\,PAY}{\mu_{02}\gamma_{03}\beta_{0j}} + \overset{HW2\,HAB}{\mu_{02}\upsilon_{0j}} + \overset{HW2}{\upsilon_{0j}} + \overset{HW2\,HAR}{\lambda_2\,\beta_0} \\
&\quad + \overset{HW2\,HAR}{\lambda_2\,\beta_1}RES_{ij} + \overset{HW2\,HAR}{\lambda_2\,\beta_2}PAY_{ij} + \overset{HW2\,HAR}{\lambda_2\,\varepsilon_{ij}} + \overset{HW2}{\varepsilon_{ij}} \\[4pt]
HW3_{ij} &= \overset{HW3}{\mu_{00}} + \overset{HW3\,HAB}{\mu_{02}\gamma_{00}} + \overset{HW3\,HAB}{\mu_{02}\gamma_{01}}NEM_j + \overset{HW3\,HAB\,REB}{\mu_{02}\gamma_{02}\gamma_{00}} + \overset{HW3\,HAB}{\mu_{02}\gamma_{02}}NEM_j \\
&\quad + \overset{HW3\,HAB\,REB}{\mu_{02}\gamma_{02}\upsilon_{0j}} + \overset{HW3\,HAB\,PAY}{\mu_{02}\gamma_{03}\beta_{0j}} + \overset{HW3\,HAB}{\mu_{02}\upsilon_{0j}} + \overset{HW3}{\upsilon_{0j}} + \overset{HW3\,HAR}{\lambda_2\,\beta_0} \\
&\quad + \overset{HW3\,HAR}{\lambda_2\,\beta_1}RES_{ij} + \overset{HW3\,HAR}{\lambda_2\,\beta_2}PAY_{ij} + \overset{HW3\,HAR}{\lambda_2\,\varepsilon_{ij}} + \overset{HW3}{\varepsilon_{ij}} \\[4pt]
SKL_{ij} &= \overset{SKL}{\gamma_{00}} + \overset{SKL}{\gamma_{01}}NEM_j + \overset{SKL}{\beta_1}RES_{ij} + \overset{SKL\,HAR}{\beta_2\,\beta_0} + \overset{SKL\,HAR}{\beta_2\,\beta_1}RES_{ij} \\
&\quad + \overset{SKL\,HAR}{\beta_2\,\beta_2}PAY_{ij} + \overset{SKL\,HAR}{\beta_2\,\varepsilon_{ij}} + \overset{SKL}{\beta_3}PAY_{ij} + \overset{SKL\,PAY}{\gamma_{02}\beta_{0j}} + \overset{SKL\,REB}{\gamma_{03}\gamma_{00}} \\
&\quad + \overset{SKL\,REB}{\gamma_{03}\gamma_{01}}NEM_j + \overset{SKL\,REB}{\gamma_{03}\upsilon_{0j}} + \overset{SKL\,HAB}{\gamma_{04}\gamma_{00}} + \overset{SKL\,HAB}{\gamma_{04}\gamma_{01}}NEM_j \\
&\quad + \overset{SKL\,HAB\,REB}{\gamma_{04}\gamma_{02}\gamma_{00}} + \overset{SKL\,HAB\,REB}{\gamma_{04}\gamma_{02}\gamma_{01}}NEM_j + \overset{SKL\,HAB\,REB}{\gamma_{04}\gamma_{02}\upsilon_{0j}} + \overset{SKL\,HAB}{\gamma_{04}\upsilon_{0j}} \\
&\quad + \overset{SKL}{\upsilon_{0j}} + \overset{SKL}{\varepsilon_{ij}}
\end{aligned}
\right.
$$

$$[4.14]$$

注意，在这个方程中，我们还用定义了 $SKL_{ij}$、$\overset{SKL}{\beta_{0j}}$ 的方程（方程 4.11）替代了 $HAB_j$ 和 $REB_j$。例如，用 $\overset{SKL}{\gamma_{03}} \times$ $(\overset{REB}{\gamma_{00}} + \overset{REB}{\gamma_{01}}NEM_j + \overset{REB}{\upsilon_{0j}})$ 替代了 $\overset{SKL}{\gamma_{03}}REB_j$。最后，方程 4.14 的

右边只剩下外生变量和估计的模型参数。

图 4.5 表明，与前一节的模型相比，层内部分的关系结构没有太大的变化，模型拟合也非常相似，只有一个例外是层间部分的 SRMR，达到了 0.072。在这个模型中，我们观测到了一些在层间部分的显著关联。从理论上讲，员工多的公司有更少的回应。另一方面，公司规模与公司的要求无关。而且，在公司层面，管理者回应与公司要求有多高无关。此外，这两个潜变量在第一层对 $SKL$ 都有显著的负向效应，在第二层对 $\beta_{0j}^{SKL}$ 也有显著的负效应。然而，需要注意的是，在这种情况下，我们不能像前面的模型那样直接从层内减去层间系数。这是因为每个层次的潜变量都在不同的度量上——我们没有约束因子负荷在两个层次上相同。在下一节我们会进行这一约束。

## 潜变量的随机截距

为了直接比较两个层次之间的系数大小，我们必须假设跨层测量不变性（Marsh et al.，2009），使用第 3 章中讨论到的因子负荷的相等约束：

$$\begin{cases} \lambda_1^{RE1} = \mu_{01}^{RE1} \\[1mm] \lambda_1^{RE2} = \mu_{01}^{RE2} \\[1mm] \lambda_2^{HW1} = \mu_{02}^{HW1} \\[1mm] \lambda_2^{HW2} = \mu_{02}^{HW2} \\[1mm] \lambda_2^{HW3} = \mu_{02}^{HW3} \end{cases} \qquad [4.15]$$

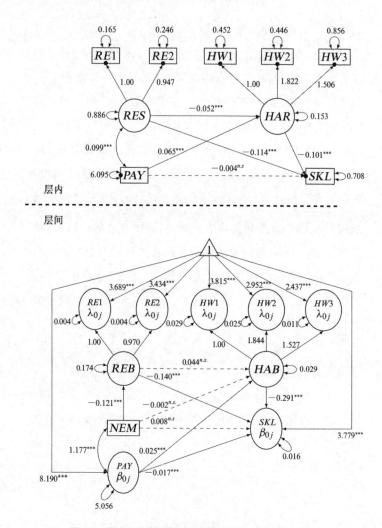

图 4.5 具有层间潜变量的随机截距模型(非标准化结果)

　　这样,两个层次上的潜变量具有相同的度量,并且可以直接求出它们与其他变量之间关系的大小。因此,有可能检验管理者回应和工作难度之间的关系,例如,主要是员工层面的特征还是公司层面的特征。

　　在图 4.6 中,层内部分的随机潜变量平均值用圆圈内的实心圆点表示。再一次将它们的总平均值固定为 0,因而没有箭头从截距(三角形)指向潜变量。方程 4.15 引入的相等约束意味着层内和层间的潜变量具有相同的度量,因此它们的方差可以进行直接比较和相加。有效地将 $RES$ 的总方差分为 $RES_W$ 和 $RES_B$,使我们能够对潜变量截距的变化进行建模,并比较不同层次的回归系数,从而检验主要是个人效应还是情境效应。这是一个所谓双潜模型(doubly latent model)的例子(Marsh et al.,2009)。

　　由于层内和层间的因子负荷已然相似,相等约束不会对模型造成太大的改变,因此该模型与前一个模型的结果相似并不意外。拟合指标几乎保持不变,说明两种模型非常相似。然而,我们现在可以进行检验,比较层内系数和层间系数之间的关系,以研究变量之间的关系主要是个人的还是情境的。

　　与图 4.3 中的模型一样,我们可以估计第一层和第二层系数之间的差异是否在统计上显著。这告诉我们,一种给定的关系是在员工层面还是在公司层面上存在,或者这种关系是否大致均匀地分布在这两者之间。$RES$ 和 $REB$ 的 $SKL$ 系数在层内、层间无显著差异(分别为 $-0.119$ 和 $-0.139$)。这意味着,较高回应对较低自身技能认知的显著性影响,在个人层面和情境层面上均匀分布。然而,两个潜变量之间的影响存在显著差异。在个人层面上,有更多回应的管理者会让员工认为他们的工作要求较低($\overset{HAR}{\beta_1} = -0.052^*$)。在公司层面上,这是一个正向、显著的关系($\overset{HAR}{\gamma_{02}} = 0.045^*$)。这两个

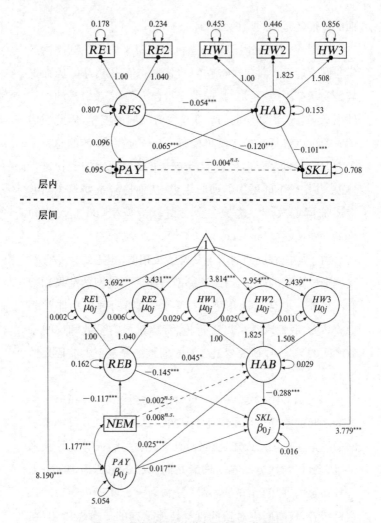

**图 4.6　具有随机均值潜变量的随机截距模型**

系数之间的差异是显著的（−0.099*）。这表明管理者回应会使员工感觉到他们的工作更容易，但管理者回应更多的公司正是那些工作要求更高的公司。

　　这似乎是辛普森悖论的一个例子:两个变量之间的关系是相反的,这取决于人们所看到的分析层次。我们可以用下面的方法推测起作用的机制。管理者回应使员工的任务看起来不那么复杂。当主管更关注你的问题或顾虑时,你的职责就更容易履行。因此,在个人层面上,人们越是认为自己的管理者回应很多,他们认为自己的工作就越不困难。正因提供要求复杂工作的服务的公司深知这一点,因此培养了一种回应性文化以更好地实现其目标。平均来说,任务要求更高的公司也会有更高的回应水平,即使在公司内部,更高的回应水平也会让人觉得工作更轻松。

　　在这两个层次上还对两个附加关系进行了建模,它们在第二层的分量比在第一层更强。这些是薪酬($PAY$)和工作难度认知($HAR/HAB$)对技能认知($SKL$)的影响。公司层面薪酬($PAY$)的影响已经在前面讨论过了。后者表明,感觉自己能力不足的员工更多的是因为他们在要求更高的公司工作,而不是因为他们个人感觉自己的工作很难。

# 第 5 节 | 随机斜率 MSEM

正如读者所见,我们的一些关系在层内和层间有着不同的结构,但它们也可能因公司而异。在下一个模型中,我们假设员工薪酬对他们工作难度认知的影响因公司不同而有差异。在某些公司,员工之间明显的薪酬差异可能伴随着差异较高的工作复杂程度,而在其他公司可能不是这样。因此,我们得到图 4.7 所示的模型,与图 4.6 中的模型相比有一些差异。首先,在层内部分,薪酬($PAY$)和工作难度认知($HAR$)之间的随机斜率用箭头中间的实心圆点表示。这个估计值作为一个潜变量($\overset{HAR}{\beta_{2j}}$)进入模型的层间部分,用一个圆圈表示。它有一个总体截距[或者说是所有公司中员工薪酬($PAY$)对工作难度认知($HAR$)的总体平均影响($\overset{HAR}{\gamma_{20}}$)]和层间残差方差$\overset{HAR}{\upsilon_{2j}}$。这个斜率的差异由公司的员工人数解释。

形式上,这种差异表明$\overset{HAR}{\beta_{2j}}$可以写成如方程 4.16 所示的形式:

$$\overset{HAR}{\beta_{2j}}=\overset{HAR}{\gamma_{20}}+\overset{HAR}{\gamma_{21}}NEM_j+\overset{HAR}{\upsilon_{2j}} \qquad [4.16]$$

这个公式将定义 $SKL$ 的总体设定转换为方程 4.17 所示的形式:

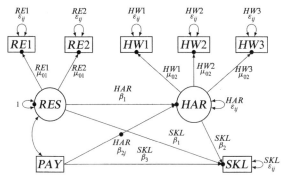

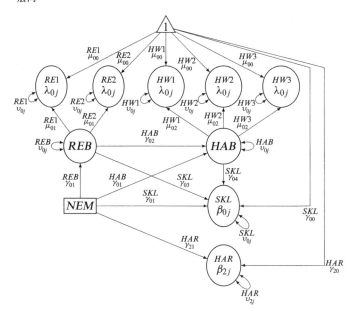

**图 4.7 具有随机均值潜变量的随机斜率模型**

$$
SKL_{ij} = \overset{SKL}{\gamma_{00}} + \overset{SKL}{\gamma_{01}} NEM_j + \overset{SKL}{\beta_1} RES_{ij} + \overset{SKLHAR}{\beta_2 \beta_0} + \overset{SKLHAR}{\beta_2 \beta_1} RES_{ij}
$$
$$
+ \overset{SKLHAR}{\beta_2 \gamma_{20}} PAY_{ij} + \overset{SKLHAR}{\beta_2 \gamma_{21}} PAY_{ij} NEM_j + \overset{SKLHAR}{\beta_2 \upsilon_{2j}} PAY_{ij}
$$

$$+\overset{SKLHAR}{\beta_2}\,\varepsilon_{ij}+\overset{SKL}{\beta_2}\,PAY_{ij}+\overset{SKL\,REB}{\gamma_{03}\gamma_{00}}+\overset{SKL\,REB}{\gamma_{03}\gamma_{01}}NEM_j+\overset{SKL\,REB}{\gamma_{03}\upsilon_{0j}}$$

$$+\overset{SKL\,HAB}{\gamma_{04}\gamma_{00}}+\overset{SKL\,HAB}{\gamma_{04}\gamma_{01}}NEM_j+\overset{SKL\,HAB\,REB}{\gamma_{04}\gamma_{02}\gamma_{00}}+\overset{SKL\,HAB\,REB}{\gamma_{04}\gamma_{02}\gamma_{01}}NEM_j$$

$$+\overset{SKL\,HAB\,REB}{\gamma_{04}\gamma_{02}\upsilon_{0j}}+\overset{SKL\,HAB}{\gamma_{04}\upsilon_{0j}}+\overset{SKL}{\upsilon_{0j}}+\overset{SKL}{\varepsilon_{ij}} \qquad [4.17]$$

与此同时,定义工作难度认知($HAR$)指标的方程也发生了变化。之前方程中用$\overset{HAR}{\beta_{2j}}$乘以$PAY$来解释$HAR$。将方程 4.16 整个代入方程 4.14 中$\overset{HAR}{\beta_{2j}}$的位置,现在得到方程 4.18 中所定义的公式。与图 4.6 中模型的另一个重要区别是,我们不允许对$PAY$的层间方差进行估计。这意味着它不再是一个潜在的协变量。[38]

$$HW1_{ij}=\overset{HW1}{\mu_{00}}+\overset{HW1\,HAB}{\mu_{02}\gamma_{00}}+\overset{HW1\,HAB}{\mu_{02}\gamma_{01}}NEM_j+\overset{HW1\,HAB\,REB}{\mu_{02}\gamma_{02}\gamma_{00}}$$

$$+\overset{HW1\,HAB\,REB}{\mu_{02}\gamma_{02}\gamma_{01}}NEM_j+\overset{HW1\,HAB\,REB}{\mu_{02}\gamma_{02}\upsilon_{0j}}+\overset{HW1\,HAB}{\mu_{02}\upsilon_{0j}}+\overset{HW1\,PAY}{\mu_{02}\beta_{0j}}+\overset{HW1}{\upsilon_{0j}}$$

$$+\overset{HW1\,HAR}{\mu_{02}\beta_{0j}}+\overset{HW1\,HAR}{\mu_{02}\beta_1}RES_{ij}+\overset{HW1\,HAR}{\mu_{02}\gamma_{20}}PAY_{ij}$$

$$+\overset{HW1\,HAR}{\mu_{02}\gamma_{21}}PAY_{ij}NEM_j+\overset{HW1\,HAR}{\mu_{02}\upsilon_{2j}}PAY_{ij}+\overset{HW1\,HAR}{\mu_{02}\varepsilon_{ij}}+\overset{HW1}{\varepsilon_{ij}}$$

$$HW2_{ij}=\overset{HW2}{\mu_{00}}+\overset{HW2\,HAB}{\mu_{02}\gamma_{00}}+\overset{HW2\,HAB}{\mu_{02}\gamma_{01}}NEM_j+\overset{HW2\,HAB\,REB}{\mu_{02}\gamma_{02}\gamma_{00}}$$

$$+\overset{HW2\,HAB\,REB}{\mu_{02}\gamma_{02}\gamma_{01}}NEM_j+\overset{HW2\,HAB\,REB}{\mu_{02}\gamma_{02}\upsilon_{0j}}+\overset{HW2\,HAB}{\mu_{02}\upsilon_{0j}}+\overset{HW2\,PAY}{\mu_{02}\beta_{0j}}+\overset{HW2}{\upsilon_{0j}}$$

$$+\overset{HW2\,HAR}{\mu_{02}\beta_{0j}}+\overset{HW2\,HAR}{\mu_{02}\beta_1}RES_{ij}+\overset{HW2\,HAR}{\mu_{02}\gamma_{20}}PAY_{ij}$$

$$+\overset{HW2\,HAR}{\mu_{02}\gamma_{21}}PAY_{ij}NEM_j+\overset{HW2\,HAR}{\mu_{02}\upsilon_{2j}}PAY_{ij}+\overset{HW2\,HAR}{\mu_{02}\varepsilon_{ij}}+\overset{HW2}{\varepsilon_{ij}}$$

$$HW3_{ij}=\overset{HW3}{\mu_{00}}+\overset{HW3\,HAB}{\mu_{02}\gamma_{00}}+\overset{HW3\,HAB}{\mu_{02}\gamma_{01}}NEM_j+\overset{HW3\,HAB\,REB}{\mu_{02}\gamma_{02}\gamma_{00}}$$

$$+\overset{HW3\,HAB\,REB}{\mu_{02}\gamma_{02}\gamma_{01}}NEM_j+\overset{HW3\,HAB\,REB}{\mu_{02}\gamma_{02}\upsilon_{0j}}+\overset{HW3\,HAB}{\mu_{02}\upsilon_{0j}}+\overset{HW3\,PAY}{\mu_{02}\beta_{0j}}+\overset{HW3}{\upsilon_{0j}}$$

$$+\overset{HW3\,HAR}{\mu_{02}\beta_{0j}}+\overset{HW3\,HAR}{\mu_{02}\beta_1}RES_{ij}+\overset{HW3\,HAR}{\mu_{02}\gamma_{20}}PAY_{ij}$$

$$+\overset{HW3\,HAR}{\mu_{02}\gamma_{21}}PAY_{ij}NEM_j+\overset{HW3\,HAR}{\mu_{02}\upsilon_{2j}}PAY_{ij}+\overset{HW3\,HAR}{\mu_{02}\varepsilon_{ij}}+\overset{HW3}{\varepsilon_{ij}}$$

$$[4.18]$$

结果如图 4.8 所示。由于我们去掉了薪酬与技能认知之间关系的层间部分，该系数在员工层面再次显著，正如图 4.2 中的第一个模型所示。对于随机斜率，我们看到 $\gamma_{20}^{HAR}$ 有一个显著的平均值，$\beta_{2j}^{HAR}$ 的截距估计为 0.067。从图 4.6 中可以看出，这实际上与前一个模型层内部分中薪酬对工作难度的影响 (0.065) 是相同的。然而，我们观测到在第二层有一个方差很小的斜率 (由于值很小，四舍五入为 0)，该变量可以由一个公司的员工人数进行预测，并且在统计意义上显著 ($-0.003^*$)。这意味着一个公司里有越多的员工，高薪和高工作难度之间的关系就越弱。在一家拥有数千名员工的公司里，高薪与对工作难度的认知之间的关系比其在一家仅有十几名员工的公司里要弱。其他估计值与前一个模型中的估计值保持一致。

## 模型比较

最后，我们可以使用比较拟合统计值来对比在本章中所检验的所有模型的表现。每个模型的 AIC 和 BIC 见表 4.2。对于前四个模型，在绝对拟合指数可获得的情况下，我们看到了很好的拟合。然而，随机斜率模型没有基于 $\chi^2$ 的拟合指标，因此我们的评估只根据比较指标进行。

在表 4.2 中，我们可以看到模型 1 到模型 4 在模型拟合方面的持续改进。AIC 和 BIC 都变小了。第一个模型只允许技能认知 (SKL) 估计其层内和层间方差，而第二个模型则同时对技能认知 (SKL) 和薪酬 (PAY) 变量进行估计。对于全部的五个指标，第二层方差分量固定为 0。然而，由于在员

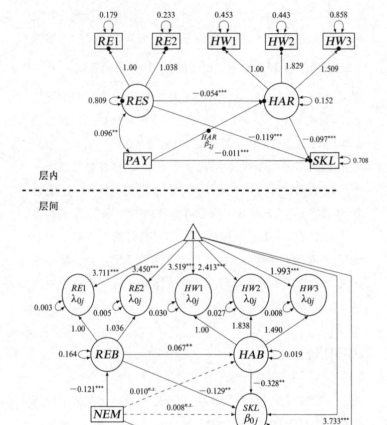

**图 4.8** 随机斜率模型(非标准化结果)

工层面测量的所有变量至少显示出一些跨公司差异[39],加之考虑到所有指标都估计了方差分量,因此模型 3 和模型 4 的拟合度将会更好。从这个意义上说,更为精简的第四个模型(将两个层次的因子负荷设定为相同)比第三个模型(除因子负荷可以自由变化外,与第四个模型完全相同)具有更优越的拟合度。尽管存在相等约束,但基于 AIC 和 BIC 的模型拟合仍可以看到有细微改进。

表 4.2 比较模型拟合

| 序号 | 模 型 | AIC | BIC | 嵌套在 |
|---|---|---|---|---|
| 1 | 随机截距(图 4.2) | 391 916 | 392 173 | 2, 3, 4, 5 |
| 2 | 潜在的协变量(图 4.3) | 391 290 | 391 541 | 3, 4 |
| 3 | 双重潜变量 I(图 4.5) | 388 147 | 388 524 | — |
| 4 | 双重潜变量 II(图 4.6) | 388 141 | 388 494 | 3 |
| 5 | 随机斜率(图 4.8) | 388 806 | 389 089 | — |

因为我们从随机斜率模型中删除了 $\beta_{0j}^{PAY}$,所以唯一嵌套在其中的模型是第一个。可以理解的是,由于随机斜率模型可以自由估计更多的参数,因此有更好的拟合。对相似模型 3 和模型 4 的直接比较结果显示,对于随机斜率的选择,其拟合度较差,这表明可能没有必要允许斜率在组间变化。然而,即使在样本大小和特定情况相匹配的情况下,AIC 和 BIC 是否可以用来比较非嵌套模型,也是有争议的。

最后,需要提醒读者的是,因为我们使用了删除法来处理缺失的数据,任何模型中有变量缺失情况的观测值都被删除了,因此上面的模型比较是可以的。样本规模保持在 18 918 名员工和 1 723 家公司。当缺失数据使用其他处理方法,或者当每个模型中使用不同的变量时,研究人员必须注意模型拟合的比较。

关于样本量,还需要注意的是,除了多层次模型建模中典型地对第二层样本量的讨论外,我们建议在 MSEM 中,群

组的数量要大于模型中估计的参数数量。虽然标准的软件
会估计比第二层中单位更多的自由参数,但这些模型会受到
经验性欠识别的影响,以至于估计的参数以及标准误可能不
可靠。对于本章所述的有 1 000 多家公司的数据结构,这几
乎不构成问题。而在如跨国家调查的研究中,这就会成为一
个潜在的问题。如果我们有一个欧盟范围的数据,那么 25—
28 这样的第二层"样本"量甚至不允许中等规模的模型(即使
没有遭遇估计参数比群组多的情况)。

# 第 6 节 ｜ 总　结

　　本章结合第 2 章的多层路径模型和第 3 章的多层潜变量模型,总结出我们希望在 MSEM 中传递的主要知识。示例中处理了具有多指标潜变量的多层结构方程模型所提供的一些可能性。我们从在两个层次上都是单一观测结果变量的简单设计开始,然后进一步使用潜在的情境模型,分解一个外生变量的方差,并添加第二层的结果变量和潜变量。最后,我们证明了一个具有层间潜变量的随机斜率模型,并讨论了估计技术的一些局限性。

　　这些模型可以用多种方式进行扩展。例如,如果发现工具的测量不变性有问题,我们可以有一个情境协变量,这能够解释为什么某一项在某些组中是非不变性的(Davidov,Dulmer, Schliiter, Schmidt, & Meuleman, 2012)。此外,本书讨论的所有模型以及其他估计方法,如贝叶斯框架,都可以扩展到具有分类结果变量的应用中。我们在下一章中将更详细地介绍一些替代方法。

第**5**章

结　论

　　结构方程模型建模和多层次模型建模是为了解决不同的建模问题而并行发展的。SEM 的主要目的是重新生成数据协方差矩阵。MLM 处理的情况是,在回归分析中集群数据结构导致违反观测值独立性的假设。然而,一旦进入高阶主题,SEM 作为一种建模方法的灵活性通常会受到研究者想象力的限制,人们将技术困在受路径依赖驱动的原始目的中。这给那些想深入研究 MSEM 的人带来了一个潜在的陷阱。因此,我们一开始的指引是通过提出尚未涉及的 MSEM 更高阶的(有些是今后的)主题来帮助读者确定方向并持续跟进。

　　将 SEM 和 MLM 结合起来的文献,其最初尝试并没有像 L. K.穆森和穆森(Muthén & Muthén, 1998—2017)那样处理二者的关系,在该书中,他们通过使用 MLM 赋予回归的效应(随机效应),并将其应用于 SEM 路径和截距(平均结构)估计。相反,那些尝试以处理多层次数据结构的方式重新设定了 SEM。事实上,SEM 可以灵活地将多层次模型(包括本书中介绍的所有模型)指定为单层结构方程模型。这一事实在 MSEM 世界造成了许多混乱,也是可以理解的。任何想深入研究 MSEM 技术文献的人都无法避开这两种完全不同的思维方式。

对于由两个不同公式表达的增长模型,当一个人开始思考要如何检验个人的变化轨迹时,可能会出现对这两种方法的第一次接触。[40]一个多层次模型的研究者肯定会将这样一个模型指定为个人内的观测设计,其中个人是第二层,个人内的多重观测值处于第一层。最主要的自变量是时间的推移(更多信息,参见 Singer & Willet,2003,Chap. 1—7)。结构方程模型研究者会将此模型设定为潜变量增长曲线(Preacher,Wichman,MacCallum,& Briggs,2008),这是一个单层结构方程模型,实际上相当于这里描述的多层次模型。

在多层次数据结构建模中,这两种不同设定已经引起了文献上的混乱。[41]情况甚至更为复杂。不仅限于简单的增长曲线模型,应用相同的逻辑,每个 SEM 都可以变成一个多层次模型,而不单是建模改变的模型。这些模型的运行原理超出了本书的范围。简单介绍见梅塔和尼尔的研究(Mehta & Neale,2005)。这是梅塔的 xxM 在 R 中实现的逻辑,也是在 MSEM 早期占主导地位的理由。由于这种技术可以将任何单层结构方程模型转化为具有任意层数的多层结构方程模型,今天,这种方法有时被称为 N 层结构方程模型建模,简称为 NL-SEM,或 nSEM。尽管它的进入门槛很高,但就统计背景而言,我们强烈建议希望全面了解 MSEM 的读者也可以参考这一部分。到目前为止,我们一直避免提及它,那只是因为本书的目标是使这个复杂的主题更容易理解。任何试图跳出这一介绍局限的人都可能会遇到这些更复杂的表述。如果他们不受影响的话,我们建议从梅塔和尼尔的研究

(Mehta & Neale，2005)开始启动这个不同的逻辑过程。

跳出 MSEM 的两个领域并回到本书所介绍的部分，应用 MSEM 时重要的是审查其优势、局限以及建模者必须考虑的权衡。一方面，MSEM 允许研究人员提出新的问题，并在试图回答问题时利用 MLM 和 SEM 方法的优势。这些优势包括能够测量潜在结构，并在如学校、公司或国家等跨群组背景下进行评估，以及克服不同群组样本规模不平衡所造成的局限性。另一方面，采用这种框架增加了分析和计算复杂性，给研究人员带来了很大的理论负担，研究者现在必须建立并证明可以用 MSEM 进行检验的可行性理论因果机制。即使是在相对简单的多层次回归模型方面，社会科学家也往往没有良好历史记录。在吸收了书中所介绍的内容之后，在本章，我们还提出了一些额外的方向，供 MSEM 框架的热情追随者深入研究。

在整本书中，我们的统计设定试图解释连续结果变量。在广义线性模型建模（generalized linear modeling，GLM）常用的术语中，我们的模型使用了恒等连接（identity link）函数。在这里，在设定中 $k$ 个协变量的基础上，直接为结果变量的平均值建模。

$$\mu = \sum_{i=1}^{k} x_i \beta_i \qquad [5.1]$$

尽管许多现象可以通过该设定进行研究，但与在类别量表上记录的现象相比，无论它们是有序的还是无序的，都相形见绌。一个人的政治效能感或民主满意度、再分配偏好，或对性别关系的态度，都是典型的用 5 个、7 个或最多 11 个类别的量表来测量的。更重要的是，选举中的投票率、移民的决定或者投票给一个民粹主义政党的行为都被记录在具有是或否选项的二分类量表上。雷姆图拉、布罗索-利亚尔和萨瓦雷（Rhemtulla，Brosseau-Liard，& Savalei，2012）在 SEM 中对这一问题进行了检验并得出结论，五分类变量可以被视为连续变量（除非数据生成机制清晰明显地偏离正态性）。我们相信（但还未检验）这个结果可以推广到 MSEM，因此我们在选择例子时一定要遵循这个原则。然而，对这种假设觉得别扭或数据中定序变量少于五个类别的研究者，也可以有其他的选择。

对于这些示例，恒等连接函数不再适用。需要在测量结果变量的度量与由线性相加模型建模设定生成的线性预测变量之间充当"翻译器"的更为复杂的函数。这些常见函数有 logit 函数 $\log\{\mu/(1-\mu)\}$，probit 函数 $\phi^{-1}(\mu)$，或互补双对数函数 $\log\{-\log(1-\mu)\}$（McCullagh & Nelder，1989，Chap.2）。[42] 目前它们在 MLM 中的使用已被确立（Hox，2010，Chaps.6—7），同时读者应该感到鼓舞的是，MSEM 迄今为止所涵盖的框架也可以被扩展到适应它们（Rabe-Hesketh，Skrondal，& Pickles，2004）。同时我们建议，在推进到广义线性潜变量和混合模型建模（generalized linear latent and mixed modeling，GLLAMM）框架时需要谨慎。[43] 现在仅有少量（以模拟为基础）的工作在探索这些模型可以产生合理估计的条件，特别是当我们需要将其与多层次框架（例如，McNeish & Stapleton，2016）或更基本的 MSEM 设定（Hox & Maas，2001）进行对比时。因此，读者在探索尚未开发的领域时仅能获得很少的指导。

到目前为止，我们已经非常明确地避开了关于权重的讨论。出于本书示例教育的目的，简单性、广泛性和可脱离软件的再现性是我们的主要指导原则。但是，事实上，在大多数（如果不是全部）例子中忽略潜在的抽样权重是相当不恰当的。因此，让我们考虑如何将权重（通常是由生成数据的组织提供的）包括进来。首先，斯特普尔顿（Stapleton，2002）赞同使用 MSEM 作为克服与整群抽样设计相关偏差的潜在方法。[44]该方法为我们提供了将群组直接纳入抽样设计的机会。虽然这种方法可以克服与群组相关的偏差，但如果模型中未考虑相关变量或未应用权重，某些个人甚至更高层次单位的代表性不足和代表性过高就可能会产生很大的偏差。幸运的是，对于一些权重的应用已经可以使用（Asparouhov，2006）并得到了实施（Muthén & Muthén，1998—2017）。阿斯帕罗夫（Asparouhov，2006）提供的方法虽然非常技术化，但在这里为如何对 MSEM 进行加权提供了一个简单易懂、循序渐进的说明。

　　这里介绍的建模框架也可以扩展到数据在更高分析层次中聚集的情况（Preacher，2011；Steele，Clarke，Leckie，Allan，& Johnston，2017）。典型的情况可能是学校环境——学生聚集在教室里，然后进一步聚集在学校（Palardy，2008），或者选举环境——选民聚集在选区，再进一步聚集在县、州。虽然在不同的数据源中很容易看到额外的分析层次，但是读者在深入研究这些层次的设定之前会得到提醒。根据经验，如果某一分析层次没有可获得的变量，或者没有将该层次的协变量与结果变量联系起来的理论依据，那么群体产生的自相关可以用更简单的方法来解释，例如群组标准误或固定效应。[45]作为另一条一般规则，如果最高层次上的样本量低于普通最小二乘回归的一般性标准,或者由于几个个案的存在使得我们怀疑在残差中出现正态分布的可能性,那么指定一个分析层次就不是一个好主意。

我们还要提醒读者,添加另一个分析层次代表不仅仅是在符号系统或估计方面增加了额外的复杂性。三层结构带来了一种可能性,即指定三个层次中的任何一个层次上测量变量之间的关联,这就分解了层次间任意变量的方差,并降低了发现显著性关系的能力。更高层次群组规模之间的严重失衡可能会以不可预测的方式使估计产生偏差,在理解这一现象方面还需要许多实证工作。

一个来自 MLM 传统领域的研究人员可能也熟悉明显不分层次的数据结构。在这种情况下,观测值同时被分配到多个分组结构中,而不可能为这些结构指定一个明确的层次顺序。戈尔茨坦(Goldstein,2011)提出了一些典型情况:学生可以在学校和居住地聚集,形成居住地×学校的交叉分类结构;纵向测量用于个人层面的态度,答案会集中在时间点和采访者中(假设在几次调查的过程中有多名采访者被访问)。外生协变量可用于学校和居住地层面,也可用于时间和采访者层面,而残差方差现在可以被分解成分组结构每个层次(经常会有重叠)的方差(例如,一个用于学校层面,一个用于居住地层面)。虽然在 MLM 框架中确立了此类数据结构的使用,但对于 MSEM,它们仍然是一个新兴的话题(见González, De Boeck, & Tuerlinckx, 2008;Nestler & Back, 2017)。有些情况下可能存在较低层次的分组情况,例如,学生在学校内聚集,但也分为男生和女生。纯多组 MSEM 方法将同一学校的男生和女生视为相互独立的观测值,这就违反了数据的层次结构(Ryu & Mehta，2017)。

　　拥有这些数据的研究人员目前有两种选择。第一种采用基于上述 N 层结构方程模型(Mehta，2013a)的最大似然法的方法。它涉及将数据重新建构为多个层次，每个层次都是一个群组选项(例如，男生、女生和学校)，并在设定拟合的模型之前定义它们之间的关系。读者可参考梅塔的著作(Mehta，2013a，2013b)了解技术细节和实施办法。第二种替代方法是使用贝叶斯估计(Asparouhov & Muthén，2015)，在大数据集合和要估计许多随机效应的情况下，有很高的计算需求。我们建议那些想要分析这种交叉分类数据结构的人，在学习了吉尔(Gill，2015)或格尔曼等人(Gelman et al.，2014)展示的贝叶斯方法的速成课程之后再进行分析。

　　在多层次模型建模文献中，其他形式的分组已经受到关注，它们甚至超出了三个(或更多)层次和交叉分类模型。多成员模型(multiple membership models)允许每个第一层单元成为多个第二层单元的成员，其中，多个第二层单元之间不需要相互排斥(Fielding & Goldstein，2006；Goldstein，2011)。例如，在中学阶段的学生可能会有不同的教育背景：一些学生在同一所学校就读，而另一些学生则在两所甚至三所学校之间流动。在实习过程中，实习生可能会在一家公司的多个团队之间流动：有些实习生可能在整个实习期间只被安排在一个团队中，而另一些人可能会接触到多个团队。这些模型面临的挑战是提出一组量化每个学校或工作团队对个人影响的权重。一个自然而然的起点是把在学校或团队中的时间份额作为权重(Fielding & Goldstein，2006，p.34)。

只在一个团队中度过所有时间的实习生,将得到这个团队
1 的权重,而得到其他团队的权重为 0。另一个在两个团队
中工作时间相同的实习生,将得到这两个团队中每个团队
0.5 的权重,而其他团队的权重则是 0。这些相似的研究示例
也可以适用于涉及 2→1→1 中介设定的问题(例如,学校平
均能力对个人职业抱负的影响),以及个人层面自我认知如
何调节的情况(Nagengast & Marsh,2012)。尽管研究者们
确实对这个领域的未来抱有很大的希望,但 MSEM 文献尚
未对这类模型加以探索。

　　那些来自教育研究领域的人熟悉多特质多方法(multitrait
multimethod,MTMM)分析(Campbell & Fiske,1959)。例
如,当多个学生对教师的各种特质进行评估时,通常采用这
种方法。它允许对方法(例如,问题类型)、特质和误差成分
加以分离,从而对测量技术进行严格的评估。然而,MTMM
通常对每个特质使用一种单一的方法组合,例如,只用具有
一种类型的一个问题来测量每个特质(Kenny,1976;
Marsh,1993)。正如读者在这一点上所想,这样的结构可能
适合于多层次模型建模。更具体地说,艾德等人(Eid et al.,
2008)表明,如果评估者是可互换的(例如,随机抽取的学
生),那么每个特质有多个指标的 MTMM 方法可以被设定
为多层 CFA,其中,第一层是评估者,我们对方法因子进行建
模,第二层是目标(例如,教师),我们对特质潜变量进行
建模。

　　SEM 中的另一个重要主题是多组分析。它被用来在其
他应用中比较组别、检验测量不变性,以及在实验研究和准
实验研究中评估干预效果。有可能有一个多组—多层 SEM,

其中,从总体 $g$ 的不同类别中抽样得到群组 $j$(Muthén, Khoo, & Gustafsson, 1997)。例如,想象一下学校中对于学生的典型数据嵌套结构。然而,假设有两种学校:公立和私立;第 3 章中使用的 PISA 数据就是这样。我们感兴趣的是,在这两种类型的学校中,兴趣和表现(都被建模为具有多个指标的潜变量)之间的关系是否相同。这种比较可以通过拟合一个多组 MSEM 来完成,该模型允许一个或多个路径在两个组之间变化(或者不变)。评估目标路径中有和没有相等约束规定两者模型之间的差异,可以使用一个简单的模型比较检验。关于这些模型的数学描述,可以参阅 B. O. 穆森等人(Muthén et al., 1997)、B. O. 穆森(Muthén, 2002),而迈耶等人(Mayer et al., 2014)则提供了一个教学示例。

　　这些年,多层次模型中的缺失数据受到了一些关注。[46]第一类解决方法是基于插补的。尽管这种方法会提供有偏的参数估计和标准误(Andridge, 2011;Drechsler, 2015;Enders, Mistler, & Keller, 2016;Lüdtke, Robitzsch, & Grund, 2017),多层次数据可以表示为包含针对每个集群单元虚拟变量的单层数据(Graham, 2009)。[47]有两种方法通过为插补指定一个多层次模型来克服这一问题。一种较老的方法被称为联合模型建模(joint modeling),它使用贝叶斯框架(Schafer, 2001;Schafer & Yucel, 2002)估计多层插补模型,并用单独一步对缺失值进行后验抽样。它在数学上是简洁和无偏的,但在解决实际研究问题(如,分类数据、随机斜率模型的插补、外生变量的缺失值或更高的分析层次)上能力有限(Grund, Lüdtke, & Robitzsch, 2016)。另一种方法被称为完全条件性设定(fully conditional specification)或链式方程(chained equations),该方法重新定义所有有缺失值的变量为结果变量,并基于这些(多层)回归模型的预测值进行迭代插补。虽然不那么简洁,但它可以灵活地考虑二分变量或定序变量、已经处于插补阶段的第一层和第二层效应之间的划分关系,以及解释不完整的第二层变量。有关此方法的灵活实施,参见恩德斯、凯勒和莱维的研究(Enders, Keller, & Levy, 2017)。

当外生变量数据缺失时,两种插补方法都不能灵活地考虑随机斜率。格雷厄姆(Graham,2012)认为,在这些情况下,我们可能需要在群组内进行插补,而谢弗(Schafer, 2001)认为我们要接受由于使这些变量内生而产生的斜率方差偏差。[48]需要注意的是,尽管理论上,这些插补方法自然而然地延伸到了 MSEM,但迄今为止还没有研究检验它们在 MSEM 中的无偏性和有效性。此外,虽然多重插补参数估计的组合同样独立于建模方法,但结合其他统计数据(如模型拟合)可能不那么直接,即使在单层 SEM 中也未必得到充分研究。[49]

结构方程模型的研究者更习惯于将完全信息最大似然法估计应用于缺失数据,并且鉴于每个多层次模型都可以重写为一个结构方程模型,这些方法也应该自然而然地扩展。虽然具体的运行方法已经存在(Muthén & Muthén, 1998—2017),但相关资料很少,而且就他们所知,到目前为止还不存在对其应用程序的检验或比较。此外,虽然处理第一层变量缺失数据的方法非常丰富,但第二层变得更为稀少,处理群组成员缺失数据的方法实际上也不存在。[50]文献中的所有这些空白都是方法学研究的沃土。

最后,结构方程模型的一个重要特征(与社会科学中流行的其他技术相比)是对模型拟合的深入思考。虽然几乎所有已发表的 SEM 分析都呈现了一些不利于模型拟合以及模型相应可解释性的证据(通常以显著的 $\chi^2$ 检验的形式,通常被否定为只不过是在结构上的累积性小偏差和由较大样本量引起的正态性),但至少 SEM 仔细考虑了大量的统计值,将这些统计值加以设计以某种方式评估模型的拟合。多层次模型建模从一开始就对拟合问题轻描淡写。模型拟合只考虑与更精简的模型(有时完全没有协变量的模型)进行比较。显然,任何被解释的方差(特别是在大样本中)在这些情况下都会显示出拟合的改善,但评估多层次模型整体拟合的机制几乎完全不可获得。这两种建模方法的融合无疑使 SEM(这是一种从模型拟合的角度,谨慎地呈现整体模型可靠性的建模方法)冒着风险转向了多层次模型的方法(这是一种对模型拟合不甚在意的范式)。当多层次数据结构的建模成为 SEM 范式的一部分时,SEM 走上 MLM 的路线将是一种遗憾。不幸的是,这种变化的迹象已经显现。早期那些允许运行多层次数据结构的结构方程模型建模的软件,并没有提供结构方程模型研究者所习惯考虑的拟合统计值的种类(以及多样化)。造成这种情况的原因不太规范,更多的是由于技术限制;尽管如此,它正朝着不考虑拟合的多层次模型的方向发展。从规范的角度讲,我们需要确保 MSEM 范式保留融合中的两种建模方法的最佳方面,而不是最坏的方面。这意味着我们要仔细考虑模型的拟合。

## 注　释

[ 1 ] 本章稍后还将通过联立方程符号系统来描述这一点。

[ 2 ] ML 和 MLR 估计量在校正缺失数据方面是相同的。它们将数据中呈现的所有缺失数据的方差—协方差矩阵的似然相加。因此,它们需要原始数据,而不是方差—协方差矩阵。与单层次模型的情况一样,在多层次模型中,假设缺失数据是随机缺失的(missing at random,MAR)或完全随机缺失的(missing completely at random,MCAR),那么在有缺失数据的情况下,完全信息最大似然法(full-information maximum likelihood,FIML)可以给出较小的有偏估计(Enders,2010;Rubin,1976)。

[ 3 ] 更精简的模型总是比更复杂的模型更适合。因此,我们必须评估是否在统计意义上显著劣化。

[ 4 ] 这不应与后面讨论的多层次模型的嵌套数据结构相混淆。为了区分,我们使用术语“层次”数据来表示多层次模型研究者所谓的嵌套数据,并且仅在引用模型时才使用“嵌套”一词。不过,读者应该知道,在文献中,“嵌套”也经常用于数据结构。

[ 5 ] 一些软件将此量计算为 $NF_{ML}$。

[ 6 ] 该公式可以在海杜克的书中(Hayduk,1987,p.137)找到。

[ 7 ] 在 $\chi^2$ 检验中,零模型不应与基线模型相混淆。基线模型是一个变量之间的所有协方差都可以自由估计的模型。它产生了一个完全拟合的模型。零模型是内生变量之间的所有协方差都固定为 0 的模型。这通常会产生一个拟合极差的模型。

[ 8 ] 我们也期待着作为“社会科学定量研究方法”系列一部分的结构方程模型初级读本的迅速面世。

[ 9 ] 在整本书中,我们只有赖于具有两个分析层次的示例,这些示例仅要求使用一条分割线。

[10] 虽然广义最小二乘(generalized least squares,GLS)估计在过去也很普遍,但由于容易产生有偏参数估计,以及低效的标准误(Hox,2010,pp.42—43),因此它已经不再受欢迎。

[11] 常见的例外情况是纵向研究,在一些测量场合或家庭调查中跟踪许多观测结果。只要第二层样本量足够,这些设计将允许对固定效应及其方差进行精确估计;然而,它们确实会影响估计随机效应的能力(Snijders,2005)。

[12] 最近由马丁·埃尔夫(Martin Elff)以及合著者所做的基于模拟的研究

甚至表明,对于较小的第二层样本量,使用适当自由度修正(如 Satter-thwaite 近似)的约束最大似然法(restricted maximum likelihood, REML)可能是非常精确的,从而无需进行贝叶斯估计(Elff, Heisig, Schaeffer, & Shikano, 2016)。

[13] 在整本书中,虽然 *Mplus* 手册没有在任何图形模型中包含均值结构, 但图形表达主要是基于 L. K.穆森和穆森(Muthén & Muthén, 1998— 2017)的研究。

[14] 因子负荷和因子均值也可能存在组间方差。这个符号系统遵循这里所 描述的情形,这些模型将在第 3 章和第 4 章中进行讨论和介绍。

[15] 然而,在 MSEM 中,绝对拟合指标(χ² 检验、RMSEA、SRMR 和 CFI)目 前无法计算具有随机斜率的模型。

[16] 感谢伊夫·罗塞尔(Yves Rosseel)将我们的 *Mplus* 模型转换为 R。

[17] 读者可以在沃尔弗利(Wolfle, 2003)中找到更多类似的例子。

[18] 我们还从理论上解释了通过收入产生的间接影响,但结果显示年龄不 能解释收入,至少在我们的模型设定中是这样。

[19] 鲍尔、普里彻和吉尔(Bauer, Preacher, & Gil, 2006)给出了该公式在 各种软件包中的执行。

[20] 标准误[基于索贝尔(Sobel, 1982, 1986)的 Delta 方法(Bollen, 1987)可直接通过最大似然估计获得的该乘积的置信区间]不要与 *Mplus* 中用于分类结果变量的 Delta 参数化混淆。在小样本中,这一 估计可能有偏,在这种情况下,自助法更可取(Preacher et al., 2010)。

[21] 为了清晰性,同时也为了帮助读者吸收这些概念,我们选择单独呈现这 两个概念。然而,在我们的模型中,*GDP*、教育和自我表达价值观之间 的关系代表了一个相当典型的案例,即国家和个人两个层面的调节中 介。在 SEM 中,调节中介通常是通过将调节变量和令人感兴趣的解释 变量的乘积作为一个新的变量包含在模型中,在单一的分析层次上建 模。这里不是这样。乘积变量没有明确地包含为附加变量;相反,调 节效应被建模为层间变量对路径随机效应的影响。

[22] 我们鼓励更资深的读者参考 B. O. 穆森和阿斯帕罗夫的著作,或者至 少参考由普里彻等人所做的简短阐述(Preacher et al., 2010)。

[23] 另见 L. K.穆林和穆森(Muthén & Muthén, 1998—2017, p.261)关于 在分离潜在协变量的"层内"和"层间"方差分量时的组平均值中心化的 原始讨论。

[24] 多层探索性因子分析(multilevel exploratory factor analysis, EFA)也 是可能的。然而,由于篇幅的限制,我们将讨论局限于验证性因子分

析,而后将其整合到路径模型中。对多层 EFA 感兴趣的读者可以咨询范·德·费韦尔和波尔廷加(van de Vijver & Poortinga,2002)。

[25] 这个例子的目的是演示这种方法,而不是检验实质性理论。权重、复杂缺失数据处理和定序变量在任何示例中都没有使用。最初,这个数据集包含了来自 192 所学校的 3 857 名学生。PISA 建议在分析中纳入权重,并将公立和私立学校分开分析。最后一章将讨论权重问题、受限内生变量以及更复杂的缺失数据处理。此外,想解释私立学校和公立学校之间差异的研究人员可以使用多组多层 CFA。所有这些问题在本书的最后一章中都有更详细的描述。

[26] 不仅仅是在测量方面,多组 SEM 还检验了不同组之间模型结构成分的差异,如回归系数。

[27] ICC 表示为结果变量总方差中组间方差所占的份额(Snijders & Bosker,1999,pp.16—22)。至于相关性,它的范围是 0 到 1,更高的值表示组间的差异越来越大,内部同质性也越来越强。在多层次设定中,这些值表示结果变量中存在大量组间差异,可以用组间层次的协变量来解释,因此我们理想地希望得到更高的 ICC 值。

[28] 这就是为什么我们不应该在多层 CFA 中对均值中心指标进行分组。这样的举措将把组间截距的方差修正为 0。

[29] 截距仅在一个层次进行估计。

[30] 为了保持与书中所有模型的一致性,我们呈现了非标准化的负荷。

[31] 双层测量模型中随机负荷的贝叶斯估计早前已被纳入题目反应理论框架,用于对类别反应变量进行建模(见 De Boeck,2008;De Jong,Steenkamp,& Fox,2007;Verhagen & Fox,2013)。

[32] 这些在概念上与频率学派的置信区间不同。在贝叶斯估计中,我们假设总体参数是一个随机变量,在估计的后验分布中,置信区间为 95% 的范围。

[33] 我们已经删除了所有至少缺少模型中使用的一个变量的信息的观测值。数据集最初包含 22 451 名员工和 1 733 名管理者。

[34] 例如,常见的扩展包括将公司分为不同的部门或地区。

[35] 每一个不是中心化处理后的总平均值的层内变量至少有一小部分组间方差。然而,正如我们稍后将看到的,我们通常只在一个分析层次中包含变量,因此不会分别估计它们的两个方差分量。我们只估计其总方差,并将其定义为层内方差。

[36] 本章最后对比较拟合指数进行了评估。

[37] 必须注意的是,即使我们在图 4.4 的层间部分添加了一个截距,也没有

箭头指向两个潜变量 REB 和 HAB,这两个变量在方程 4.11 中是参数 $\gamma_{00}^{REB}$ 和 $\gamma_{00}^{HAB}$。这是因为,当设定这些潜变量的度量时,总平均值固定为 0,且不在模型中进行估计。我们在方程中包含这些参数只是为了完整性。

[38] 这样做会违反 Mplus 演示版中允许的变量数量的限制,我们在本书中都使用了这个示例。因此,在这个模型中,我们没有估计薪酬对技能认知的情境影响。

[39] 五个指标的 ICC 范围为 0.061(HW3)至 0.173(RE1)。

[40] 增长模型的名字来源于模拟儿童一身高一增长的实际变化。这种方法是教育研究中一种常见的建模学习随时间变化的方法。

[41] 在完全实现三层模型之前,L. K. 穆森和穆森(Muthén & Muthén, 1998—2017)在用户指南中声称,Mplus 确实可以通过拟合潜变量增长曲线模型并在其上将第二层分层来运行三层模型。

[42] 对于 probit 函数,$\phi$ 表示高斯分布的累积分布函数(cumulative distribution function, CDF)。

[43] 第 3 章还简要讨论了定序数据在多层验证性因子模型中的应用。更多信息,参见 Grilli & Rampichini(2007)。

[44] 这篇文章虽然技术性很强,但远远超出了这一命题,并提出了可以将不同类型的权重合并到 MSEM 使用的方差协方差矩阵估计中的多种方法。

[45] 尽管到目前为止,群组标准误在软件中的实现还很少,而且在结构方程模型中包含固定效应并不简单。

[46] 有关分层数据缺失问题的概述,参见 van Buuren,2011。

[47] 有关此方法的实现,参见霍纳克和金(Honaker & King, 2010)的研究中的时间序列横截面模型。

[48] 参见 Grund et al.,2016。

[49] 参见利特沃伊(Littvay, 2009)的一个例子,说明即使使用完全信息最大似然法估计,缺失数据也会导致问题。

[50] 然而,范·布伦(van Buuren, 2011)认为,我们可能可以使用插补。他相信混合建模方法会更有成效,但运行的细节肯定需要进一步阐明。

# 参考文献

Akaike, H. (1973). Information theory and an extension of the maximum likelihood principle. In B. N. Petrov & F. Csaki (Eds.), *Second International Symposium on Information Theory* (pp.267—281). Budapest: Akademiai Kiado.

Andridge, R. R. (2011). Quantifying the impact of fixed effects modeling of clusters in multiple imputation for cluster randomized trials. *Biometrical Journal*, *53*(1), 57—74.

Asparouhov, T. (2006). General multi-level modeling with sampling weights. *Communications in Statistics: Theory and Methods*, *35*(3), 439—460.

Asparouhov, T., & Muthén, B. O. (2015). General random effect latent variable modeling: Random subjects, items, contexts, and parameters. In J. R. Harring, L. M. Stapleton, & S. N. Beretvas (Eds.), *Advances in multilevel modeling for educational research: Addressing practical issues found in real-world applications*. Charlotte, NC: Information Age Publishing, Inc.

Baron, R. M., & Kenny, D. A. (1986). The moderator-mediator variable distinction in social psychological research: Conceptual, strategic, and statistical considerations. *Journal of Personality and Social Psychology*, *51*(6), 1173—1182.

Barrett, P. (2007). Structural equation modelling: Adjudging model fit. *Personality and Individual Differences*, *42*(5), 815—824.

Bauer, D. J., Preacher, K. J., & Gil, K. M. (2006). Conceptualizing and testing random indirect effects and moderated mediation in multilevel models: New procedures and recommendations. *Psychological Methods*, *11*(2), 142—163.

Blau, P. M., & Duncan, O. D. (1967). *The American occupational structure*. New York: John Wiley & Sons.

Bollen, K. A. (1987). Total, direct, and indirect effects in structural equation models. *Sociological Methodology*, *17*, 37—69.

Bollen, K. A. (1989). *Structural equations with latent variables*. New York: Wiley-Interscience.

Bollen, K. A., & Stine, R. A. (1992). Bootstrapping goodness-of-fit measures in structural equation models. *Sociological Methods Research*, *21*(2), 205—229.

Boyd, L. H., & Iversen, G. R. (1979). *Contextual analysis: Concepts and statistical techniques*. Belmont, CA: Wadsworth.

Burnham, K. P., & Anderson, D. R. (2002). *Model selection and multi-model inference: A practical information-theoretic approach* ( 2nd ed.). New York: Springer.

Campbell, D. T., & Fiske, D. W. (1959). Convergent and discriminant validation by the multitrait multimethod matrix. *Psychological Bulletin*, *56*(2), 81—105.

Davidov, E., Dülmer, H., Schlüter, E., Schmidt, P., & Meuleman, B. (2012). Using a multilevel structural equation modeling approach to explain cross-cultural measurement noninvariance. *Journal of Cross-Cultural Psychology*, *43*(4), 558—575.

De Boeck, P. (2008). Random item IRT models. *Psychometrika*, *73*(4), 533—559.

De Jong, M. G., Steenkamp, J. -B. E. M., & Fox, J. -P. (2007). Relaxing measurement invariance in cross-national consumer research using a hierarchical IRT model. *Journal of Consumer Research*, *34*(2), 260—278.

Drechsler, J. (2015). Multiple imputation of multilevel missing data: Rigor versus simplicity. *Journal of Educational and Behavioral Statistics*, *40*(1), 69—95.

Duncan, O. D. (1968). Ability and achievement. *Biodemography and Social Biology*, *15*(1), 1—11.

Duncan, O. D., Haller, A. O., & Portes, A. (1971). Peer influences on aspirations: A reinterpretation. In H. M. Blalock, Jr. (Ed.), *Causal models in the social sciences* (pp.219—244). London: Macmillan.

Eid, M., Nussbeck, F. W., Geiser, C., Cole, D. A., Gollwitzer, M., & Lischetzke, T. (2008). Structural equation modeling of multitrait-multimethod data: Different models for different types of methods. *Psychological Methods*, *13*(3), 230—253.

Elff, M., Heisig, J., Schaeffer, M., & Shikano, S. (2016). *No need to turn Bayesian in multilevel analysis with few clusters: How frequentist methods provide unbiased estimates and accurate inference* (Working Paper). College Park, MA: SocArXiv. doi: 10.17605/ OSF.IO/Z65S4.

Eliason, S. R. (1993). *Maximum likelihood estimation: Logic and* practice. Thousand Oaks, CA: SAGE.

Enders, C. K. (2010). *Applied missing data analysis*. New York: Guilford.

Enders, C. K., Keller, B. T., & Levy, R. (2017). A fully conditional specification approach to multilevel imputation of categorical and continuous variables. *Psychological Methods*, *23*(2), 298—317.

Enders, C. K., Mistler, S. A., & Keller, B. T. (2016). Multilevel multiple imputation: A review and evaluation of joint modeling and chained equations imputation. *Psychological Methods*, *21*(2), 222—240.

Enders, C. K., & Tofighi, D. (2007). Centering predictor variables in cross-sectional multilevel models: A new look at an old issue. *Psychological Methods*, *12*(2), 121—138.

Epstein, D. L., Bates, R., Goldstone, J., Kristensen, I., & O'Halloran, S. (2006). Democratic transitions. *American Journal of Political Science*, *50*(3), 551—569.

Fielding, A., & Goldstein, H. (2006). *Cross-classified and multiple membership structures in multilevel models: An introduction and review* (Technical Report). London: Institute of Education, University College. Retrieved from http://dera.ioe.ac.uk/6469/1/RR791.pdf.

Gelman, A., Carlin, J. B., Stern, H. S., Dunson, D. B., Vehtari, A., & Rubin, D. B. (2014). *Bayesian data analysis* (3rd ed.). Boca Raton, FL: Chapman & Hall/CRC.

Gelman, A., & Hill, J. (2007). *Data analysis using regression and multilevel/hierarchical models*. New York: Cambridge University Press.

Gill, J. (2015). *Bayesian methods: A social and behavioral sciences approach* (3rd ed.). Boca Raton, FL: Chapman & Hall/CRC.

Goldstein, H. (2011). *Multilevel statistical models* (4th ed.). New York: John Wiley.

Goldstein, H., & McDonald, R. P. (1988). A general model for the analysis of multilevel data. *Psychometrika*, *53*(4), 455—467.

González, J., De Boeck, P., & Tuerlinckx, F. (2008). A double-structure structural equation model for three-mode data. *Psychological Methods*, *13*(4), 337—353.

Goodin, R., & Dryzek, J. (1980). Rational participation: The politics of relative power. *British Journal of Political Science*, *10*(3), 273—292.

Goodman, L. A. (1960). On the exact variance of products. *Journal of the*

*American Statistical Association*, 55(292), 708—713.

Graham, J. W. (2009). Missing data analysis: Making it work in the real world. *Annual Review of Psychology*, 60(1), 549—576.

Graham, J. W. (2012). *Missing data: Analysis and design*. New York: Springer.

Grilli, L., & Rampichini, C. (2007). Multilevel factor models for ordinal variables. *Structural Equation Modeling: A Multidisciplinary Journal*, 14(1), 1—25.

Grund, S., Lüdtke, O., & Robitzsch, A. (2016). Multiple imputation of multilevel missing data: An introduction to the R package pan. *SAGE Open*, 6(4), 1—17.

Hancock, G. R., & Mueller, R. O. (2006). *Structural equation modeling: A second course*. Greenwich, CT: Information Age Publishing.

Hayduk, L. A. (1987). *Structural equation modeling with LISREL: Essentials and advances*. Baltimore, MD: Johns Hopkins University Press.

Hayduk, L. A., Cummings, G., Boadu, K., Pazderka-Robinson, H., & Boulianne, S. (2007). Testing! testing! one, two, three: Testing the theory in structural equation models! *Personality and Individual Differences*, 42(5), 841—850.

Hayduk, L. A., & Littvay, L. (2012). Should researchers use single indicators, best indicators, or multiple indicators in structural equation models? *BMC Medical Research Methodology*, 12, 159.

Hayes, A. F. (2013). *Introduction to mediation, moderation, and conditional process analysis: A regression-based approach*. New York: Guilford.

Heck, R. H., & Thomas, S. L. (2015). *An introduction to multilevel modeling techniques: MLM and SEM approaches using Mplus* (3rd ed.). New York: Routledge.

Honaker, J., & King, G. (2010). What to do about missing values in time-series cross-section data. *American Journal of Political Science*, 54 (2), 561—581.

Hox, J. J. (2010). *Multilevel analysis: Techniques and applications* (2nd ed.). New York: Routledge.

Hox, J. J., & Maas, C. J. M. (2001). The accuracy of multilevel structural equation modeling with pseudobalanced groups and small samples.

*Structural Equation Modeling*: *A Multidisciplinary Journal*, *8*(2), 157—174.

Hox, J. J., & Roberts, J. K. (Eds.). (2011). *Handbook of advanced multilevel analysis*. New York: Routledge.

Hoyle, R. H. (2012). *Handbook of structural equation modeling*. New York: Guilford.

Iacobucci, D. (2008). *Mediation analysis*. Thousand Oaks, CA: SAGE.

Inglehart, R. F., & Baker, W. E. (2000). Modernization, cultural change, and the persistence of traditional values. *American Sociological Review*, *65*(1), 19—51.

Inglehart, R. F., & Welzel, C. (2009). How development leads to democracy: What we know about modernization. *Foreign Policy*, *88*(2), 33—48.

Jöreskog, K. G. (1973). A general method for estimating a linear structural equation system. In A. S. Goldberger & O. D. Duncan (Eds.), *Structural equation models in the social sciences* (pp.85—112). New York: Seminar.

Kaplan, D., & Depaoli, S. (2012). Bayesian structural equation modeling. In R. H. Hoyle (Ed.), *Handbook of structural equation modeling* (pp.650—673). New York: Guilford.

Keesling, J. W. (1972). *Maximum likelihood approaches to causal flow analysis* (Doctoral dissertation). University of Chicago.

Kenny, D. A. (1976). An empirical application of confirmatory factor analysis to the multitrait-multimethod matrix. *Journal of Experimental Social Psychology*, *12*(3), 247—252.

Kenny, D. A., Korchmaros, J. D., & Bolger, N. (2003). Lower level mediation in multilevel models. *Psychological Methods*, *8*(2), 115—128.

Kline, R. B. (2015). *Principles and practice of structural equation modeling* (4th ed.). New York: Guilford.

Kozlowski, S. W. J., & Klein, K. J. (2000). A multilevel approach to theory and research in organizations: Contextual, temporal, and emergent processes. In K. J. Klein & S. W. J. Kozlowski (Eds.), *Multilevel theory, research, and methods in organizations: Foundations, extensions, and new directions* (pp.3—90). San Francisco, CA: Jossey-Bass.

Kraemer, H. C., Kiernan, M., Essex, M., & Kupfer, D. J. (2008). How and why criteria defining moderators and mediators differ between the Baron & Kenny and MacArthur approaches. *Health Psychology*, *27*(2), S101—S108.

Kraemer, H. C., Wilson, G. T., Fairburn, C. G., & Agras, W. S. (2002). Mediators and moderators of treatment effects in randomized clinical trials. *Archives of General Psychiatry*, *59*(10), 877—883.

Kreft, I. G. G. (1996). *Are multilevel techniques necessary? An overview, including simulation studies*. Unpublished manuscript. Los Angeles: California State University.

Kreft, I. G. G., & de Leeuw, J. (1998). *Introducing multilevel modeling*. London: SAGE.

Kreft, I. G. G., de Leeuw, J., & Aiken, L. S. (1995). The effect of different forms of centering in hierarchical linear models. *Multivariate Behavioral Research*, *30*(1), 1—21.

Krull, J. L., & MacKinnon, D. P. (2001). Multilevel modeling of individual and group level mediated effects. *Multivariate Behavioral Research*, *36*(2), 249—277.

Kruschke, J. K. (2014). *Doing Bayesian data analysis: A tutorial with R, JAGS, and Stan*. London: Academic Press.

Little, T. D. (2013). *Longitudinal structural equation modeling*. New York: Guilford.

Littvay, L. (2009). Questionnaire design considerations with planned missing data. *Review of Psychology*, *16*(2), 103—114.

Lüdtke, O., Marsh, H. W., Robitzsch, A., Trautwein, U., Asparouhov, T., & Muthén, B. (2008). The multilevel latent covariate model: A new, more reliable approach to group-level effects in contextual studies. *Psychological Methods*, *13*(3), 203—229.

Lüdtke, O., Robitzsch, A., & Grund, S. (2017). Multiple imputation of missing data in multilevel designs: A comparison of different strategies. *Psychological Methods*, *22*(1), 141—165.

Luke, D. A. (2004). *Multilevel modeling*. Thousand Oaks, CA: SAGE.

Maas, C. J. M., & Hox, J. J. (2005). Sufficient sample sizes for multilevel modeling. *Methodology*, *1*(3), 86—92.

Marsh, H. W. (1993). Multitrait-multimethod analyses: Inferring each trait-method combination with multiple indicators. *Applied Measurement in Education*, *6*(1), 49—81.

Marsh, H. W., Lüdtke, O., Robitzsch, A., Trautwein, U., Asparouhov, T., Muthén, B., & Nagengast, B. (2009). Doubly-latent models of school contextual effects: Integrating multilevel and structural equation approaches to control measurement and sampling error. *Multivariate Behavioral Research*, *44*(6), 764—802.

Marsh, H. W., & Parker, J. W. (1984). Determinants of student self-concept: Is it better to be a relatively large fish in a small pond even if you don't learn to swim as well? *Journal of Personality and Social Psychology*, *47*(1), 213—231.

Mayer, A., Nagengast, B., Fletcher, J., & Steyer, R. (2014). Analyzing average and conditional effects with multigroup multilevel structural equation models. *Frontiers in Psychology*, *5*, 1—16.

McCullagh, P., & Nelder, J. A. (1989). *Generalized linear models* (2nd ed.). London: Chapman and Hall.

McDonald, R. P., & Goldstein, H. (1989). Balanced versus unbalanced designs for linear structural relations in two-level data. *British Journal of Mathematical and Statistical Psychology*, *42*(2), 215—232.

McNeish, D. M., & Stapleton, L. M. (2016). The effect of small sample size on two-level model estimates: A review and illustration. *Educational Psychology Review*, *28*(2), 295—314.

Mehta, P. D. (2013a). N-level structural equation modeling. In Y. M. Petscher, C. Schatschneider, & D. L. Compton (Eds.), *Applied quantitative analysis in the social sciences* (pp.329—361). New York: Routledge.

Mehta, P. D. (2013b). *N-level structural equation modeling: Xxm user's guide, version 1.0*. Retrieved from http://www2.gsu.edu/wwwmll/wkshop/xxm.pdf.

Mehta, P. D., & Neale, M. C. (2005). People are variables too: Multilevel structural equations modeling. *Psychological Methods*, *10*(3), 259—284.

Meredith, W. (1993). Measurement invariance, factor analysis and factorial invariance. *Psychometrika*, *58*(4), 525—543.

Miles, J., & Shevlin, M. (2007). A time and a place for incremental fit indices. *Personality and Individual Differences*, *42*(5), 869—874.

Moineddin, R., Matheson, F. I., & Glazier, R. H. (2007). A simulation study of sample size for multilevel logistic regression models. *BMC Medical Research Methodology*, *7*(1), 34—44.

Muthén, B. O. (1989). Latent variable modeling in heterogeneous popula-
tions. *Psychometrika*, *54*(4), 557—585.

Muthén, B. O. ( 1994 ). Multilevel covariance structure analysis.
*Sociological Methods & Research*, *22*(3), 376—398.

Muthén, B. O. (2002). Beyond SEM: General latent variable modeling. *Be-
haviormetrika*, *29*(1), 81—117.

Muthén, B. O., & Asparouhov, T. (2008). Growth mixture modeling:
Analysis with non-Gaussian random effects. In G. Fitzmaurice, M.
Davidian, G. Verbeke, & G. Molenberghs (Eds.), *Longitudinal data
analysis* (pp.143—166). Boca Raton, FL: CRC Press.

Muthén, B. O., & Asparouhov, T. (2012). Bayesian structural equation
modeling: A more flexible representation of substantive theory. *Psy-
chological Methods*, *17*(3), 313—335.

Muthén, B. O., & Asparouhov, T. (2018). Recent methods for the study of
measurement invariance with many groups: Alignment and random
effects. *Sociological Methods & Research*, *47*, 637—664.

Muthén, B. O., Khoo, S. -T., & Gustafsson, J. -E. (1997). *Multilevel latent
variable modeling in multiple populations* (Technical Report). Los Angel-
es: Graduate School of Education & Information Studies, University of
California.

Muthén, L. K., & Muthén, B. O. (1998—2017). *Mplus user's guide:
Eighth edition*. Los Angeles, CA: Muthén & Muthén.

Nagengast, B., & Marsh, H. W. (2012). Big fish in little ponds aspire
more: Mediation and cross-cultural generalizability of school-average
ability effects on self-concept and career aspirations in science. *Journal
of Educational Psychology*, *104*(4), 1033—1053.

Nestler, S., & Back, M. D. (2017). Using cross-classified structural equa-
tion models to examine the accuracy of personality judgments. *Psy-
chometrika*, *82*(2), 475—497.

Paccagnella, O. (2006). Centering or not centering in multilevel models?
The role of the group mean and the assessment of group effects. *Evalu-
ation Review*, *30*(1), 66—85.

Palardy, G. J. (2008). Differential school effects among low, middle, and
high social class composition schools: A multiple group, multilevel
latent growth curve analysis. *School Effectiveness and School Improve-
ment: An International Journal of Research, Policy and Practice*,

*19*(1), 21—49.

Petty, R. E., & Cacioppo, J. T. (1986). *Communication and persuasion: Central and peripheral routes to attitude change.* New York: Springer-Verlag.

Pinheiro, J. C., & Bates, D. M. (2000). *Mixed-effects models in S and S-PLUS.* New York: Springer.

Preacher, K. J. (2011). Multilevel SEM strategies for evaluating mediation in three-level data. *Multivariate Behavioral Research, 46*(4), 691—731.

Preacher, K. J., Wichman, A. L., MacCallum, R. C., & Briggs, N. E. (2008). *Latent growth curve modeling.* Thousand Oaks, CA: SAGE.

Preacher, K. J., Zyphur, M. J., & Zhang, Z. (2010). A general multilevel SEM framework for assessing multilevel mediation. *Psychological Methods, 15*(3), 209—233.

Przeworski, A., Alvarez, M. E., Cheibub, J. A., & Limongi, F. (2000). *Democracy and development: Political institutions and well-being in the world, 1950—1990.* New York: Cambridge University Press.

Pugesek, B. H., Tomer, A., & Von Eye, A. (2003). *Structural equation modeling: Applications in ecological and evolutionary biology.* New York: Cambridge University Press.

Rabe-Hesketh, S., Skrondal, A., & Pickles, A. (2004). Generalized multilevel structural equation modeling. *Psychometrika, 69*(2), 167—190.

Raudenbush, S. W., & Bryk, A. S. (2002). *Hierarchical linear models: Applications and data analysis methods.* Thousand Oaks, CA: SAGE.

Raudenbush, S. W., & Liu, X. (2000). Statistical power and optimal design for multisite randomized trials. *Psychological Methods, 5* (2), 199—213.

Raykov, T., & Marcoulides, G. A. (2000). *A first course in structural equation modeling.* Mahwah, NJ: Lawrence Erlbaum.

Rhemtulla, M., Brosseau-Liard, P. E., & Savalei, V. (2012). When can categorical variables be treated as continuous? A comparison of robust continuous and categorical SEM estimation methods under suboptimal conditions. *Psychological Methods, 17*(3), 354—373.

Rosseel, Y. (2012). lavaan: An R package for structural equation modeling. *Journal of Statistical Software, 48*(2), 1—36. Retrieved from http://www.jstatsoft.org/v48/i02/.

Rubin, D. B. (1976). Inference and missing data. *Biometrika*, *63*(3), 581—592.

Ryu, E., & Mehta, P. D. (2017). Multilevel factorial invariance in n-level structural equation modeling (nSEM). *Structural Equation Modeling: A Multidisciplinary Journal*, *24*(6), 936—959.

Ryu, E., & West, S. G. (2009). Level-specific evaluation of model fit in multilevel structural equation modeling. *Structural Equation Modeling: A Multidisciplinary Journal*, *16*(4), 583—601.

Schafer, J. L. (2001). Multiple imputation with PAN. In L. M. Collins & A. Sayer (Eds.), *New methods for the analysis of change* (pp.357—377). Washington, DC: American Psychological Association.

Schafer, J. L., & Yucel, R. M. (2002). Computational strategies for multivariate linear mixed-effects models with missing values. *Journal of Computational and Graphical Statistics*, *11*(2), 437—457.

Schumacker, R. E., & Lomax, R. G. (2004). *A beginner's guide to structural equation modeling* (2nd ed.). Mahwah, NJ: Lawrence Erlbaum.

Schwarz, G. (1978). Estimating the dimension of a model. *Annals of Statistics*, *6*(2), 461—464.

Singer, J. D., & Willet, J. B. (2003). *Applied longitudinal data analysis*. Oxford, UK: Oxford University Press.

Snijders, T. A. B. (2005). Power and sample size in multilevel modeling. In B. S. Everitt & D. C. Howell (Eds.), *Encyclopedia of statistics in behavioral science: Vol. III* (pp.1570—1573). Chichester, UK: John Wiley.

Snijders, T. A. B., & Bosker, R. J. (1993). Standard errors and sample sizes for two-level research. *Journal of Educational and Behavioral Statistics*, *18*(3), 237—259.

Snijders, T. A. B., & Bosker, R. J. (1999). *Multilevel analysis: An introduction to basic and advanced multilevel modeling*. London: SAGE.

Snijders, T. A. B., & Bosker, R. J. (2012). *Multilevel analysis: An introduction to basic and advanced multilevel modeling* (2nd ed.). London: SAGE.

Sobel, M. E. (1982). Asymptotic confidence intervals for indirect effects in structural equation models. *Sociological Methodology*, *13*, 290—312.

Sobel, M. E. (1986). Some new results on indirect effects and their standard errors in covariance structure models. *Sociological Methodology*, *16*,

159—186.

Solt, F. (2008). Economic inequality and democratic political engagement. *American Journal of Political Science*, *52*(1), 48—60.

Spiegelhalter, D. J., Best, N. G., Carlin, B. P., & van der Linde, A. (2002). Bayesian measures of model complexity and fit. *Journal of the Royal Statistical Society: Series B*, *64*(4), 583—639.

Stapleton, L. M. (2002). The incorporation of sample weights into multilevel structural equation models. *Structural Equation Modeling: A Multidisciplinary Journal*, *9*(4), 475—502.

Steele, F., Clarke, P., Leckie, G., Allan, J., & Johnston, D. (2017). Multilevel structural equation models for longitudinal data where predictors are measured more frequently than outcomes: An application to the effects of stress on the cognitive function of nurses. *Journal of the Royal Statistical Society: Series A (Statistics in Society)*, *180*(1), 263—283.

Stegmueller, D. (2013). How many countries for multilevel modeling? A comparison of frequentist and Bayesian approaches. *American Journal of Political Science*, *57*(3), 748—761.

Tinnermann, A., Geuter, S., Sprenger, C., Finsterbusch, J., & Büchel, C. (2017). Interactions between brain and spinal cord mediate value effects in nocebo hyperalgesia. *Science*, *358*(6359), 105—108.

van Buuren, S. (2011). Multiple imputation of multilevel data. In J. Hox & J. K. Roberts (Eds.), *Handbook of advanced multilevel analysis* (pp.173—196). Routledge.

van de Vijver, F. J. R., & Poortinga, Y. H. (2002). Structural equivalence in multilevel research. *Journal of Cross-Cultural Psychology*, *33*(2), 141—156.

Verhagen, A. J., & Fox, J. P. (2013). Bayesian tests of measurement invariance. *British Journal of Mathematical and Statistical Psychology*, *66*(3), 383—401.

Welzel, C., & Inglehart, R. F. (2010). Agency, values, and well-being: A human development model. *Social Indicators Research*, *97*(1), 43—63.

Wiley, D. E. (1973). The identification problem for structural equation models with unmeasured variables. In A. S. Goldberger & O. D. Duncan (Eds.), *Structural equation models in the social sciences* (pp. 69—

83). New York: Seminar.

Wolfle, L. M. (2003). The introduction of path analysis to the social sciences, and some emergent themes: An annotated bibliography. *Structural Equation Modeling: A Multidisciplinary Journal*, 10 (1), 1—34.

Yuan, K. -H., & Bentler, P. M. (2007). Multilevel covariance structure analysis by fitting multiple single-level models. *Sociological Methodology*, *37*(1), 53—82.

Zhang, Z., Zyphur, M. J., & Preacher, K. J. (2009). Testing multilevel mediation using hierarchical linear models: Problems and solutions. *Organizational Research Methods*, *12*(4), 695—719.

## 译名对照表

| | |
|---|---|
| absolute badness-of-fit index | 绝对拟合劣度指标 |
| absolute model fit | 模型绝对拟合 |
| Akaike's information criterion (AIC) | 赤池信息准则 |
| Bayesian information criterion (BIC) | 贝叶斯信息准则 |
| between-level structural model | 层间结构模型 |
| big fish little pond effects (BFLPE) | 大鱼小池塘效应 |
| chained equations | 链式方程 |
| comparative fit index (CFI) | 比较拟合指数 |
| complementary log-log function | 互补双对数函数 |
| configural invariance model | 构型不变性模型 |
| confirmatory factor analysis (CFA) | 验证性因子分析 |
| contextual variable | 情境变量 |
| continuous outcome | 连续结果变量 |
| degrees of freedom | 自由度 |
| design effect | 设计效应 |
| deviance information criterion (DIC) | 偏差信息准则 |
| doubly latent model | 双潜模型 |
| effective sample size | 有效样本量 |
| elaboration likelihood model | 详尽可能性模型 |
| equality constraint | 相等约束 |
| free parameter | 自由参数 |
| frequentist confidence interval | 频率学派的置信区间 |
| full-information maximum likelihood (FIML) | 完全信息最大似然法 |
| full structural equation model | 完整结构方程模型 |
| fully conditional specification | 完全条件性设定 |
| generalized least squares (GLS) estimation | 广义最小二乘估计 |
| generalized linear latent and mixed modeling (GLLAMM) | 广义线性潜变量和混合模型建模 |
| generalized linear modeling (GLM) | 广义线性模型建模 |
| intraclass correlation coefficient (ICC) | 类别内相关系数 |
| latent variable model | 潜变量模型 |
| linear additive modeling specification | 线性相加模型建模设定 |

| | |
|---|---|
| log-likelihood (LL) | 对数似然 |
| maximum likelihood fit function (FML) | 最大似然拟合函数 |
| metric invariance model | 度量不变性模型 |
| missing at random (MAR) | 随机缺失 |
| mixed-effects model | 混合效应模型 |
| multilevel exploratory factor analysis (EFA) | 多层探索性因子分析 |
| multilevel factor model | 多层因子模型 |
| multilevel imputation model | 多层插补模型 |
| multilevel latent covariate model | 多层潜在协变量模型 |
| multilevel modeling (MLM) | 多层次模型建模 |
| multilevel structured equation modeling (MSEM) | 多层结构方程模型建模 |
| multitrait multimethod (MTMM) | 多特质多方法 |
| ordinary least squares (OLS) regression | 普通最小二乘法回归 |
| random intercept | 随机截距 |
| random slope model | 随机斜率模型 |
| root mean square error of approximation (RMSEA) | 近似均方根误差 |
| scalar invariance model | 标量不变性模型 |
| simultaneous estimation | 联立估计 |
| single-equation estimation | 单方程估计 |
| standardized root mean square residual (SRMR) | 标准化均方根残差 |
| strict invariance model | 严格不变性模型 |
| structural equation modeling (SEM) | 结构方程模型建模 |
| three-stage least squares (3SLS) | 三阶段最小二乘法 |
| time-series cross-sectional model | 时间序列横截面模型 |
| two-stage least squares (2SLS) | 二阶段最小二乘法 |
| World Values Surveys (WVS) | 世界价值观调查 |

**图书在版编目(CIP)数据**

多层结构方程模型/(匈)布鲁诺·卡斯塔尼奥·席
尔瓦,(匈)康斯坦丁·曼努埃尔·博桑查努,(匈)列文
特·利特沃伊著;王彦蓉,侯雨佳译.—上海:格致
出版社:上海人民出版社,2021.11
(格致方法·定量研究系列)
ISBN 978 - 7 - 5432 - 3283 - 9

Ⅰ.①多…　Ⅱ.①布…　②康…　③列…　④王…　⑤侯
…　Ⅲ.①多层结构-统计模型-研究　Ⅳ.①TU399

中国版本图书馆 CIP 数据核字(2021)第 189023 号

**责任编辑**　张苗凤

格致方法·定量研究系列

**多层结构方程模型**
　布鲁诺·卡斯塔尼奥·席尔瓦
[匈]　康斯坦丁·曼努埃尔·博桑查努　著
　列文特·利特沃伊
王彦蓉　侯雨佳 译

出　　版　格致出版社
　　　　　上海人民出版社
　　　　　(201101　上海市闵行区号景路 159 弄 C 座)
发　　行　上海人民出版社发行中心
印　　刷　浙江临安曙光印务有限公司
开　　本　920×1168　1/32
印　　张　6
字　　数　118,000
版　　次　2021 年 11 月第 1 版
印　　次　2021 年 11 月第 1 次印刷
ISBN 978 - 7 - 5432 - 3283 - 9/C·258
定　　价　42.00 元

**Multilevel Structural Equation Modeling**

by Bruno Castanho Silva, Constantin Manuel Bosancianu, Levente Littvay

English language editions published by SAGE Publications of Thousand Oaks, London, New Delhi, Singapore and Washington D. C., © 2020 by SAGE Publications, Inc.

This simplified Chinese edition for the People's Republic of China is published by arrangement with SAGE Publications, Inc. © SAGE Publications, Inc. & TRUTH & WISDOM PRESS 2021.

本书版权归 SAGE Publications 所有。由 SAGE Publications 授权翻译出版。
上海市版权局著作权合同登记号:图字 09-2021-0464

# 格致方法·定量研究系列